デグー飼育バイブル

長く元気に暮らす50のポイント

田園調布動物病院院長
田向健一 監修

メイツ出版

はじめに

近年、エキゾチックアニマルと呼ばれる動物たちを飼育する人が増加しています。エキゾチックアニマルとは、「犬猫以外のペットとして飼育される動物」を指しています。これから紹介するデグーもエキゾチックアニマルのひとつです。

デグーはもともとチリの山岳地帯に生息するげっ歯類の一種ですが、現在ペットとして流通している個体はすべて人の下で繁殖された個体です。げっ歯類のペットとしては古くからゴールデンハムスターが飼育されています。デグーはゴールデンハムスターと大きさはよく似ていますが、習性や人間に対しての慣れ方が全く異なります。

デグーは集団で飼育することが可能で、活動的で表情も豊か、人を認識して慣れてくれて、飼い主を飽きさせることはありません。また寿命

が5～8年と比較的長寿で、それゆえ一緒長い時間を一緒に暮らせるのも大きな魅力です。

その一方、最近人気のウサギやチンチラと比べると体は小さく、そのぶん体力が少ない分、ストレスや病気に対しては弱い一面があります。したがって、飼育しているときにはよく観察をしわずかな変化を見逃さないことが大切です。

デグーは我が国ではペットとしての歴史はそれほど長くなく、食事や病気などを含め情報が少ないのが現状です。そのような中で、今デグーを飼っている方、これからデグーを飼いたい方に向けて、今までわかっていること、飼い方、また最後の看取りまでを1冊にまとめました。本書をきっかけにデグーが健康で長生きできる一助になれば監修者としてこれほど嬉しいことはありません。

田向健一

本書の見方

本書はデグーの適切な飼育法をテーマごとに紹介しています。
ポイントはもちろん、注意することや困った時の対策などを確認し、素敵なデグーとの暮らしを楽しみましょう。

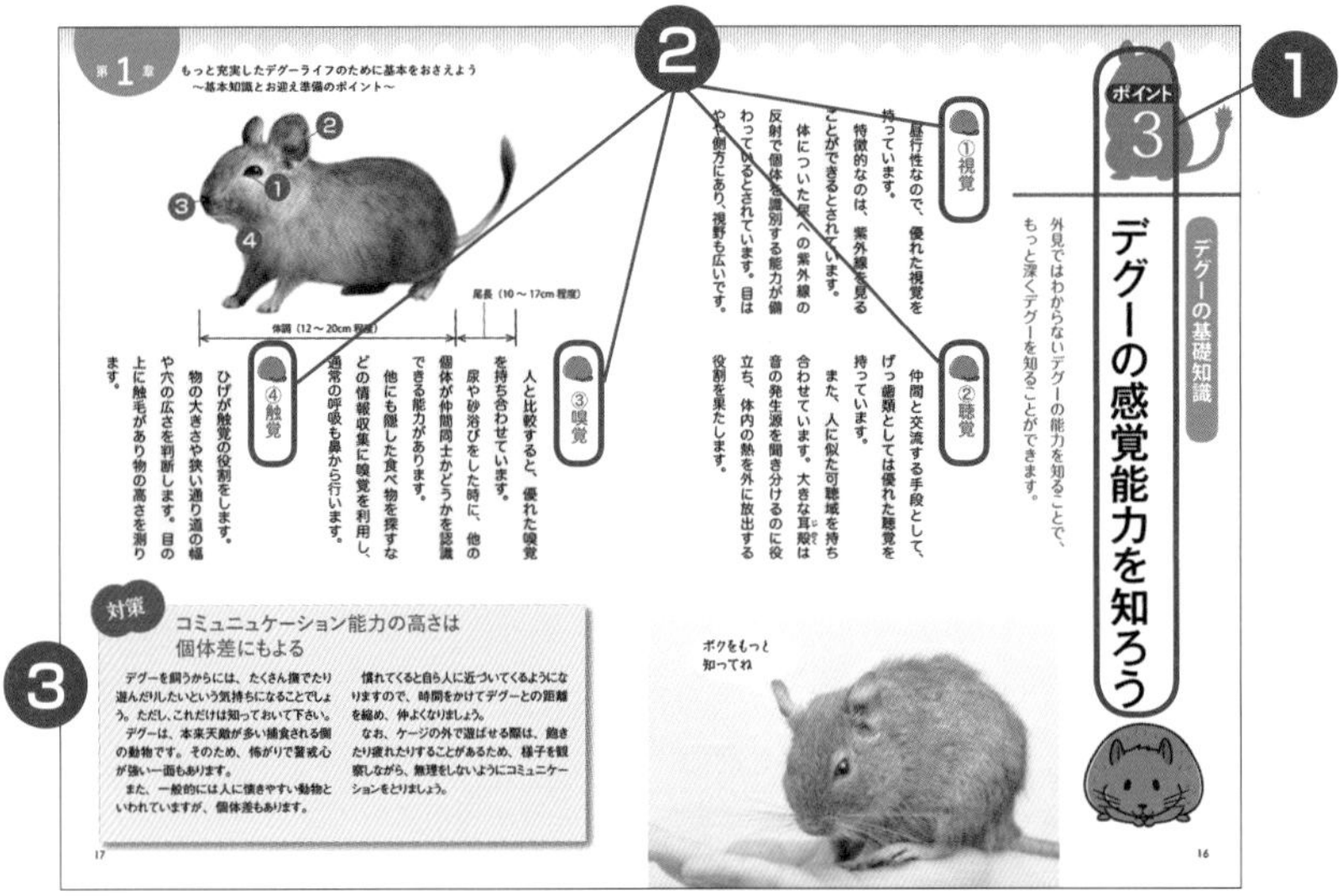
ポイント 3

デグーの基礎知識

デグーの感覚能力を知ろう

外見ではわからないデグーの能力を知ることで、もっと深くデグーを知ることができます。

①視覚

昼行性なので、優れた視覚を持っています。

特徴的なのは、紫外線を見ることができるとされています。

体についた尿への紫外線の反射で個体を識別する能力が備わっているとされています。目はやや側方にあり、視野も広いです。

②聴覚

仲間と交流する手段として、げっ歯類としては優れた聴覚を持っています。

また、人に似た可聴域を持ち合わせています。大きな耳殻《じかく》は音の発生源を聞き分けるのに役立ち、体内の熱を外に放出する役割を果たします。

ボクをもっと知ってね

16

第1章 もっと充実したデグーライフのために基本をおさえよう ～基本知識とお迎え準備のポイント～

尾長（10～17cm 程度）

体調（12～20cm 程度）

③嗅覚

人と比較すると、優れた嗅覚を持ち合わせています。

尿や砂浴びをした時に、他の個体が仲間同士かどうかを認識できる能力があります。

他にも隠した食べ物を探すなどの情報収集に嗅覚を利用し、通常の呼吸も鼻から行います。

④触覚

ひげが触覚の役割をします。

物の大きさや狭い通り道の幅や穴の広さを判断します。目の上に触毛があり物の高さを測ります。

対策 コミュニュケーション能力の高さは個体差にもよる

デグーを飼うからには、たくさん撫でたり遊んだりしたいという気持ちになることでしょう。ただし、これだけは知っておいて下さい。

デグーは、本来天敵が多い捕食される側の動物です。そのため、怖がりで警戒心が強い一面もあります。

また、一般的には人に懐きやすい動物といわれていますが、個体差もあります。

慣れてくると自ら人に近づいてくるようになりますので、時間をかけてデグーとの距離を縮め、仲よくなりましょう。

なお、ケージの外で遊ばせる際は、飽きたり疲れたりすることがあるため、様子を観察しながら、無理をしないようにコミュニケーションをとりましょう。

17

❶各ページのテーマ
飼育者がもつ疑問や目的別に50のポイントでまとめられています。

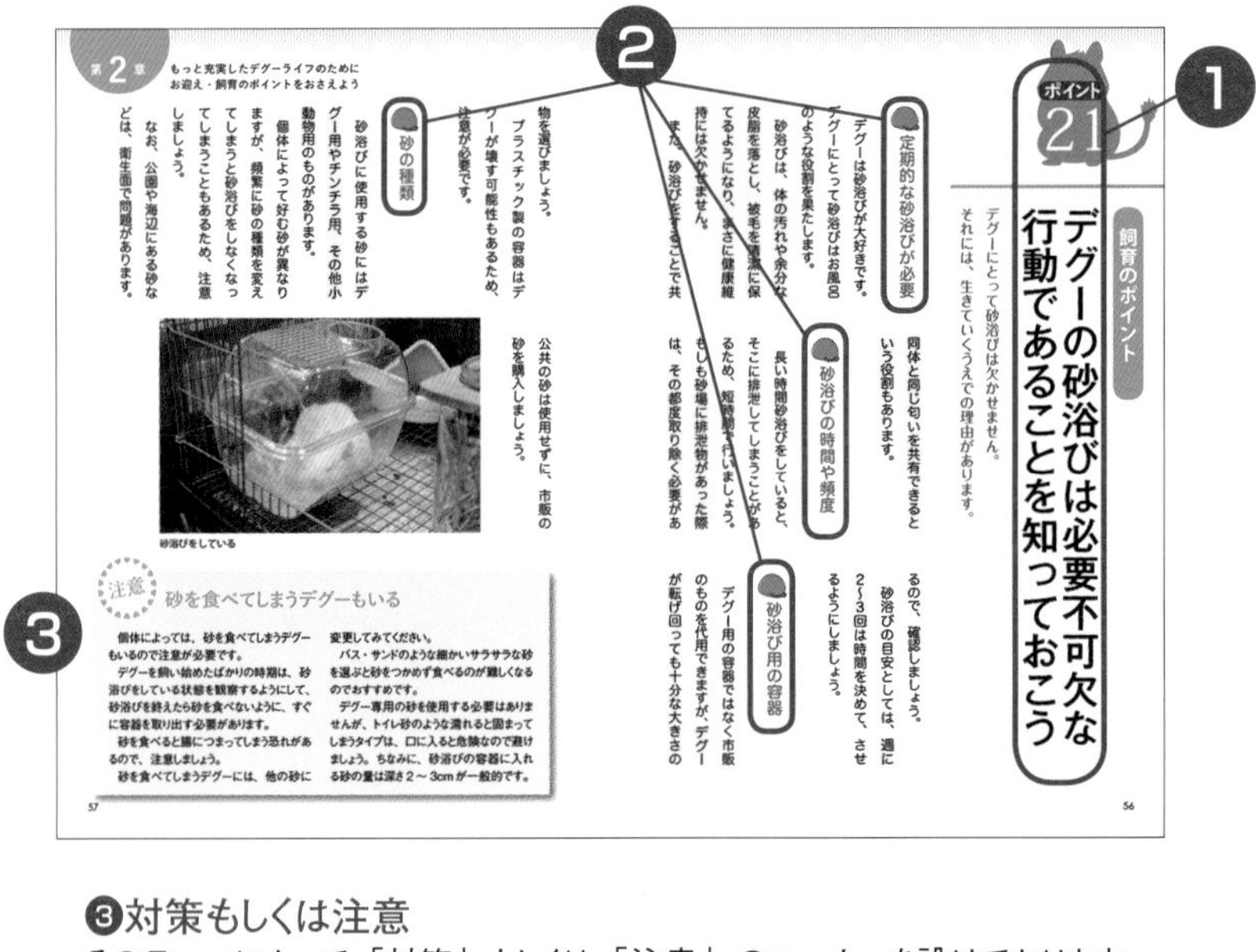
ポイント 21

飼育のポイント

デグーの砂浴びは必要不可欠な行動であることを知っておこう

デグーにとって砂浴びは欠かせません。
それには、生きていくうえでの理由があります。

定期的な砂浴びが必要

デグーは砂浴びが大好きです。

デグーにとって砂浴びはお風呂のような役割を果たします。

砂浴びは、体の汚れや余分な皮脂を落とし、被毛を清潔に保てるようになり、まさに健康維持には欠かせません。

また、砂浴びをすることで共同体と同じ匂いを共有できるという役割もあります。

砂浴びの時間や頻度

長い時間砂浴びをしていると、そこに排泄してしまうことがあるため、短時間で行いましょう。

もしも砂場に排泄物があった際は、その都度取り除く必要があるので、確認しましょう。

砂浴びの目安としては、週に2～3回は時間を決めて、させるようにしましょう。

砂浴び用の容器

デグー用の容器ではなく市販のものを代用できますが、デグーが転げ回っても十分な大きさの物を選びましょう。

プラスチック製の容器はデグーが壊す可能性もあるため、注意が必要です。

56

第2章 もっと充実したデグーライフのために お迎え・飼育のポイントをおさえよう

公共の砂は使用せずに、市販の砂を購入しましょう。

砂の種類

砂浴びに使用する砂にはデグー用やチンチラ用、その他小動物用のものがあります。

個体によって好む砂が異なりますが、頻繁に砂の種類を変えてしまうと砂浴びをしなくなってしまうこともあるため、注意しましょう。

なお、公園や海辺にある砂などは、衛生面で問題があります。

砂浴びをしている

注意 砂を食べてしまうデグーもいる

個体によっては、砂を食べてしまうデグーもいるので注意が必要です。

デグーを飼い始めたばかりの時期は、砂浴びをしている状態を観察するようにして、砂浴びを終えたら砂を食べないように、すぐに容器を取り出す必要があります。

砂を食べると腸につまってしまう恐れがあるので、注意しましょう。

砂を食べてしまうデグーには、他の砂に変更してみてください。

バス・サンドのような細かいサラサラな砂を選ぶと砂をつかめず食べるのが難しくなるのでおすすめです。

デグー専用の砂を使用する必要はありませんが、トイレ砂のような濡れると固まってしまうタイプは、口に入ると危険なので避けましょう。ちなみに、砂浴びの容器に入れる砂の量は深さ2～3cmが一般的です。

57

❷小見出し
テーマに対する具体的な内容を、2～4つの視点で解説しています。

❸対策もしくは注意
そのテーマによって「対策」もしくは「注意」のコーナーを設けております。
対策は、テーマに対して打つべき対策を中心に紹介しております。
注意は、テーマに対する注意点を中心に紹介しております。

第2章
もっと充実したデグーライフのために お迎え・飼育のポイントをおさえよう

第3章 デグーの飼い方・住む環境を見直そう
～飼い方・住む環境を見直すポイント～

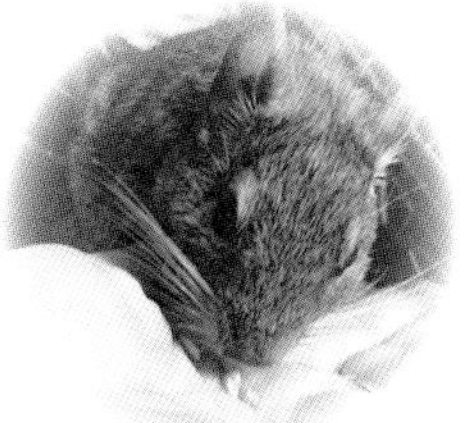

第4章 デグーとのふれ合いを楽しもう
～お互いもっと楽しい時間を過ごすためのポイント～

第5章 デグーの高齢化、健康維持と病気・災害時などへの対処ほか
～大切なデグーを守るポイントほか～

第1章

もっと充実したデグーライフのために基本をおさえよう

～基本知識とお迎え準備のポイント～

デグーの基礎知識

デグーってどんな動物？

デグーのこと知っていますか？　もしかして知っているつもりになっているかもしれません。本章で確認してみましょう。

南米チリが原産

デグーは、テンジクネズミ亜目デグー科に属する生き物です。

野生では、チリのアンデス山脈の西側に住む、モルモットやチンチラなどのげっ歯類の一種です。日本の草津温泉と同じくらいの標高1，200mほどの場所にある、草原や茂み、険しい岩場などに覆われた半乾燥地帯に住んでいます。野生下では、2年目を迎えることが難しいという研究もあります。

デグーは昼行性

人と同じように昼に活発に活動し、日が明るくなったら起き暗くなると巣穴に戻ります。

ただし、個体差にもよりますが、基本的には飼い主の生活リズムに合わせるので、夜に活動的になるデグーもいます。人と同じリズムで生活するため、世話がしやすいです。

群れで行動

デグーは家族で群れをつくっ

て行動しているので、仲間意識が強く、社会性がある動物です。匂いで群れの仲間を認識したり縄張りをつくっています。

ひとりぼっちが苦手なので、1匹で飼う場合は、頻繁にコミュニュケーションを取るようにしてあげましょう。なお、1匹で飼う方が飼い主によく懐くともいわれています。

巣穴で生活する生き物

地下に掘られた長さ2m、直径8~10cmの巣穴で、子育てをする部屋や寝室、食べ物の保存の場所など、部屋をいくつかに分けて暮らしています。

野生下では、活動時間の異なる夜行性のヤブチンチラと入れ替わりでお互い敵から身を守るために一緒の巣で暮らしているというケース報告もあります。また、デグーとヤブチンチラの子供が一緒に育てられている状況も観察されています。

対策

暮らしの変化や状況を考えて飼育しよう

個体によって差はありますが、デグーの寿命は一般的に5年～8年です。

デグーを飼うにあたって今後、就職、転職、転勤、引っ越し、結婚、出産などの変化があっても世話ができるのか、きちんと考えながら飼育しましょう。

一人暮らしの場合は、自分が体調が悪くなった時や家を離れなくてはいけなくなった場合に家族や友人に頼むなど、どうするべきかを事前に考えておく必要があります。

小さなお子さんがいる家庭は、デグーの世話をお子さんに任せっきりにするのではなく、しっかり大人が監視をしましょう。

また、デグーが嫌なことをされて本気で噛むとお子さんが大ケガをする時もあります。お子さんが無理に追いかけたり尻尾を掴もうとしたりしないように指導しましょう。家の中に犬や猫がいる場合も注意が必要です。

デグーのカラーバリエーション

アグーチ

デグーの野生色で、最も一般的な毛色。

ウサギやネズミなど他の動物の一般的な毛色もアグーチと総称されています。「ノーマル」と呼ばれることもあります。

茶色と濃いグレーが帯状に重なり、腹部はクリームがかった白い被毛になっています。

アグーチ

ブルー

青味がかった薄いグレーで、1990年代後半に新しいカラーバリエーションとしてドイツで誕生しました。美しい毛色をしています。

アグーチに比べて体のサイズが小さい個体が多いといわれています。

アグーチよりも毛が柔らかい個体も多いです。

ブルー

パイド

パイドとは毛色の名前ではなく、ブチになっているまだら模様のことです。

アグーチの毛色が多い場合はパッチドアグーチ、ホワイトの毛色が多い場合はホワイトパッチドアグーチと呼ばれることがあります。体の一部がパイドになっているケースもよく見かけます。

ブルーパイド

ブルーのパイド（まだら模様）が入った種類のことです。

パイドと同じようにブルーの毛色が多い場合はパッチドブルー、ホワイトの毛色が多い場合はホワイトパッチドブルーと呼ばれることがあります。

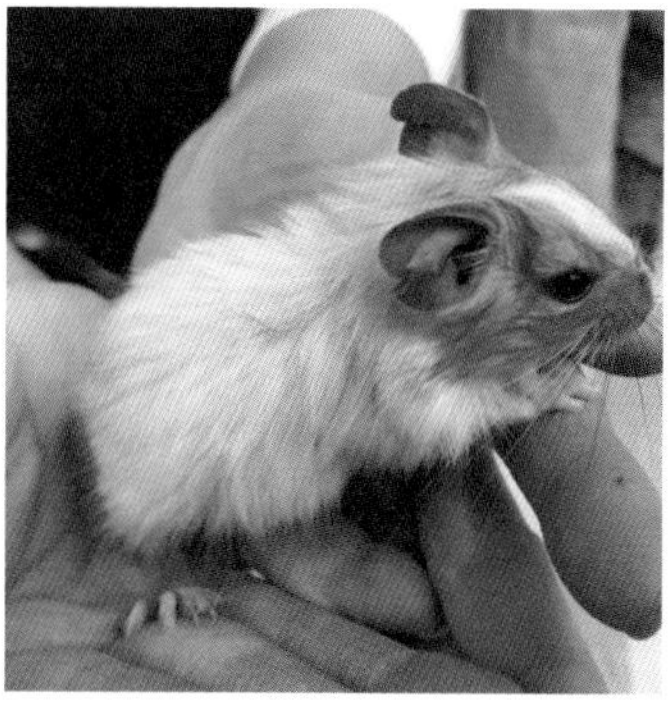

ブルーパイド

パイド

その他　珍しい毛色のデグー

他にもアグーチの腹部の色に近いクリーム、クリームパイド、サンド（濃い色はオレンジ、淡い色はクリーム）、ブルーよりもグレーの色が薄いシルバー、真っ白なホワイト、真っ黒なブラックなど、珍しい毛色のデグーが多く誕生しています。

アグーチ以外はすべて野生にはなく、人工的につくり出された毛色です。

以前は、日本に輸入されていない毛色もありましたが、最近ではこれらの珍しい毛色のデグーを販売しているペットショップやブリーダーもいます。

入手することが困難なため、高い値段で販売されていることもあります。

ポイント2

「人とデグー」の歴史を知ろう

人間とデグーの出会いの始まりを知りましょう。
犬や猫と違って、ペットとしての歴史は浅いことを知りましょう。

人とデグーの歴史の始まり

チリ出身の神父であり博物学者のファン・イグナシオ・モリーナが1782年にOctodon degusto と著書に書いたことからデグーの名前が人々の間に知れ渡るようになりました。

欧米に知られるようになったのは20世紀半ばになってからなので、まだ歴史が浅いです。

1964年にチリから20匹のデグーがアメリカのマサチューセッツ工科大学に送られたことが発端とされています（1950年の出来事という説もあります）。

研究対象として使用されることも

デグーがアメリカのマサチューセッツ工科大学に送られた理由は医学や行動学、生理学の研究に使うことでした。アルツハイマー病や糖尿病、白内障などの研究のための実験用としてデグーを使用することが目的だったのです。

現在も脳神経学や心理学の現場でデグーがその研究のモデル

になることがあります。

アーモンド型の目やフサフサしたしっぽなどの愛らしい外見に、日本の大学で研究センターの飼育室でアイドル的存在として学生達にも慕われているという報告もあり、研究の支えにもなっているようです。

ペットとしての歴史はまだ浅い

デグーはアメリカのマサチューセッツ工科大学に送られた後に、その子孫が動物園で飼育されるようになりました。

そして、愛好家やペットショップの手によって、まずは欧米でペットとして迎えられました。

はっきりした時期は特定できませんが、1980年代半ばにはペットとして飼育され始めたといわれていて、海外では多くの飼育書が出版されています。

日本でデグーの飼育が始まった時期

日本でデグーの飼育が始まった時期は1990年代後半からといわれています。2000年代半ばから飼育者数が増え、2012年にテレビドラマにデグーが登場し世間に知られました。

注意 デグーにビタミン C を与えるべきという仮説

「デグーは体内でビタミン C を合成することができないので、ビタミン C を与えないといけない」と長年いわれてきました。

しかし、ビタミン C を与えなくても多くのデグーが健康的な生活を生涯送っているというデータがあります。

このことから、現在はデグーが体内でビタミン C を生成している可能性が高いと考えられています。

同じテンジクネズミ亜目のモルモットがビタミン C を体内でつくることができないため、情報が混ざってしまったのではないかという説もあります。

ちなみに、デグー用のエサの中にビタミンCはすでに含まれており、あえてサプリメントなどで追加で与える必要はありません。

ポイント3

デグーの基本知識

デグーの感覚能力を知ろう

外見ではわからないデグーの能力を知ることで、もっと深くデグーを知ることができます。

①視覚

昼行性なので、優れた視覚を持っています。

特徴的なのは、紫外線を見ることができるとされています。

体についた尿への紫外線の反射で個体を識別する能力が備わっているとされています。目はやや側方にあり、視野も広いです。

②聴覚

仲間と交流する手段として、げっ歯類としては優れた聴覚を持っています。

また、人に似た可聴域を持ち合わせています。大きな耳は音の発生源を聞き分けるのに役立ち、体内の熱を外に放出する役割を果たします。

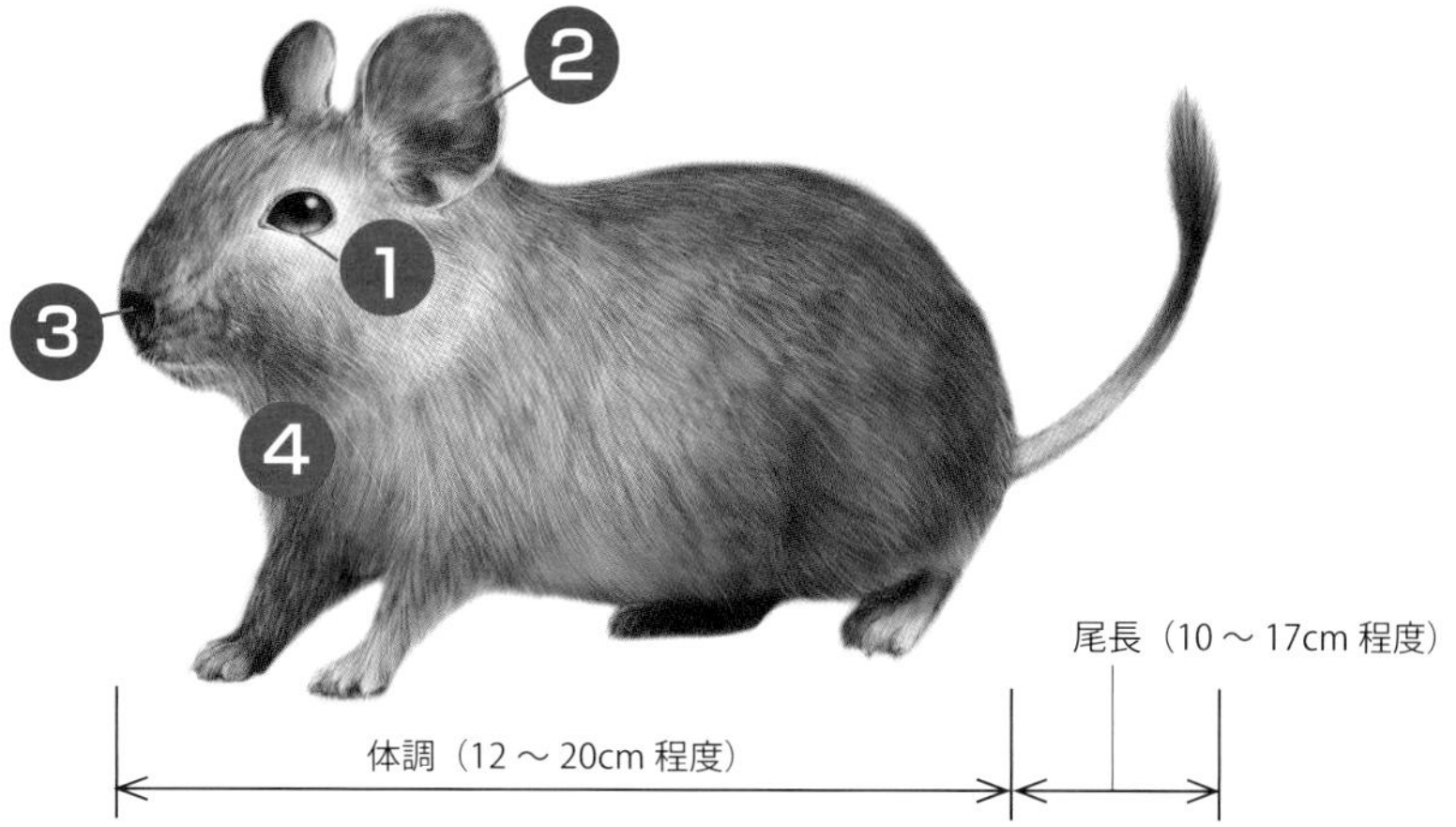

③嗅覚

人と比較すると、優れた嗅覚を持ち合わせています。

尿や砂浴びをした時に、他の個体が仲間同士かどうかを認識できる能力があります。

他にも隠した食べ物を探すなどの情報収集に嗅覚を利用し、通常の呼吸も鼻から行います。

④触覚

ヒゲが触覚の役割をします。物の大きさや狭い通り道の幅や穴の広さを判断します。目の上に触毛があり、物の高さを測ることができます。

対策

コミュニュケーション能力の高さは個体差にもよる

デグーを飼うからには、たくさん撫でたり遊んだりしたいという気持ちになることでしょう。ただし、これだけは知っておいて下さい。

デグーは、本来天敵が多い捕食される側の動物です。そのため、怖がりで警戒心が強い一面もあります。

また、一般的には人に懐きやすい動物といわれていますが、個体差もあります。

慣れてくると自ら人に近づいてくるようになりますので、時間をかけてデグーとの距離を縮め、仲良くなりましょう。

なお、ケージの外で遊ばせる際は、飽きたり疲れたりすることがあるため、様子を観察しましょう。ケージに戻す際は、無理につかまえたり、追いかけたりしないで、無理のないコミュニケーションをとりましょう。

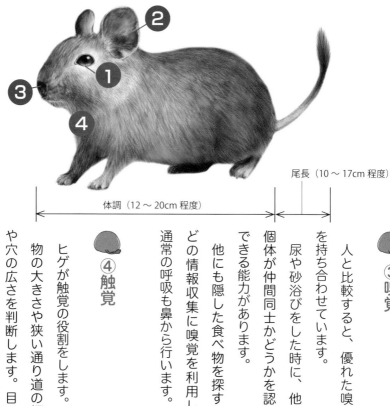

ポイント 4

デグーの基本知識

デグーをお迎えする方法はいろいろあることを知ろう

デグーをはじめて飼いたい人、あるいは、2匹目、3匹目と飼いたくなったら、お迎えの方法はいろいろあることを知りましょう。

どこからお迎えするかは慎重に選ぼう

デグーをお迎えする方法はペットショップやブリーダー、里親募集、知人に譲ってもらうなどの方法あります。

お迎え先を間違えて「こんなはずじゃなかった」という結果になってしまっては本末転倒です。「デグーと一緒に暮らしたい」というはやる気持ちを抑えて、どこからお迎えするかは慎重に考えて選ぶようにしましょう。

ペットショップからお迎えする場合

ペットショップからデグーをお迎えする方法が最も一般的です。デグーについて詳しい知識を持ち、親身になって接客をしてもらえるペットショップを選ぶと、飼育前のアドバイスももらえ、後で何か困ったことが起きても、質問や相談などができてとても安心です。

また、ペットショップでお迎えする場合ケージや牧草、飼育グッズを一緒に購入できるというメリットがあります。

ブリーダーからお迎えする場合

離乳するまで親や兄弟と一緒に暮らしているデグーをお迎えしたい場合や2匹以上の飼育を検討している場合は、多頭飼育をしているブリーダーからお迎えすることをおすすめします。

事前に情報をよく調べて、屋外の移動に慣れていないデグーのために、移動するのにあまり時間がかからないように、なるべく自宅の近くでお迎えをするようにしましょう。

里親募集でお迎えする場合

里親募集の場合は、有料なのか無料で譲ってもらえるのかを確認する必要があります。

譲ってもらう時に個体の性格や個性についても詳しく話を伺っておきましょう。

また、受け渡し方法をどうするかも事前にしっかり確認して、お迎えの準備をしましょう。

お迎えの際のチェックポイント

- ☐ 衛生的な環境で飼育されているか
- ☐ 適切な食事を与えられているか
- ☐ インターネット上で販売されている場合は、法律を守った販売方法を行っているか
- ☐ 近親交配ではないか

注意 お迎えする時に注意したいポイント

デグーをお迎えする際に、後悔しないためにも、必ずチェックしておきたい大切な項目がいくつかあります。

不衛生な環境の中で飼育されていたため、お迎えしたデグーがすでに真菌症にかかっていて、他のデグーに伝染してしまったというケースがあります。

お迎え先で牧草を与えられずにペレットのみで飼育されていたため、デグーに糖尿病の疑いがあることが、あとからわかったという報告もあります。

また、動物愛護管理法で、インターネット上だけのやりとりのみで、事前に購入する動物を確認することなく宅配便で送ることは禁じられています。

事前に上記の「お迎えの際のチェックポイント」を確認してトラブルを防ぎましょう。健康状態もしっかりチェックしましょう。

ポイント5

デグーの基本知識

デグーのオスとメスの見分け方と性格の特徴を知ろう

デグーのオスとメスの身体的特徴や基本的な性格の違いを知っておきましょう。

オスとメスの体の違い

肛門と生殖器の位置が離れているのがオスで、近いのがメスです。また、肛門から生殖器までのくぼみ部分がオスは縦長で、メスは丸型です。誕生してからすぐでも性別の判断はできますが、生後2週間ほど経つとより分かりやすくなります。大人になるほどに、性別の判断がしやすくなります。

オスの性格

デグーのオスの性格はメスに比べると社交的で懐きやすいといわれています。毎日定期的にかまってあげられる時間がある場合は、オスの飼育に向いています。また、マーキングをするので生後半年くらいから尿の匂いが強くなるという傾向があるとされています。

メスの性格

メスはオスに比べて警戒心が強く、懐きにくいといわれています。ただし、オスほどケンカをしないので、メス同士の組み合わせが多頭飼いで一番最適な組み合わせであるとされています。毎日定期的にかまってあげる時間を作るのが比較的に難しいという場合は、メスの飼育をおすすめします。

オスとメスの性格の違いよりも個性を知ることが大事

オスとメスは一般的には前述したような性格の特徴がありますが、デグーそれぞれの個性によって性格はまったく異なります。人間と同じように、オスのような性格のメスやメスのようなオスもいます。オスかメスかではなく、そのデグーの個性をしっかりと理解しましょう。

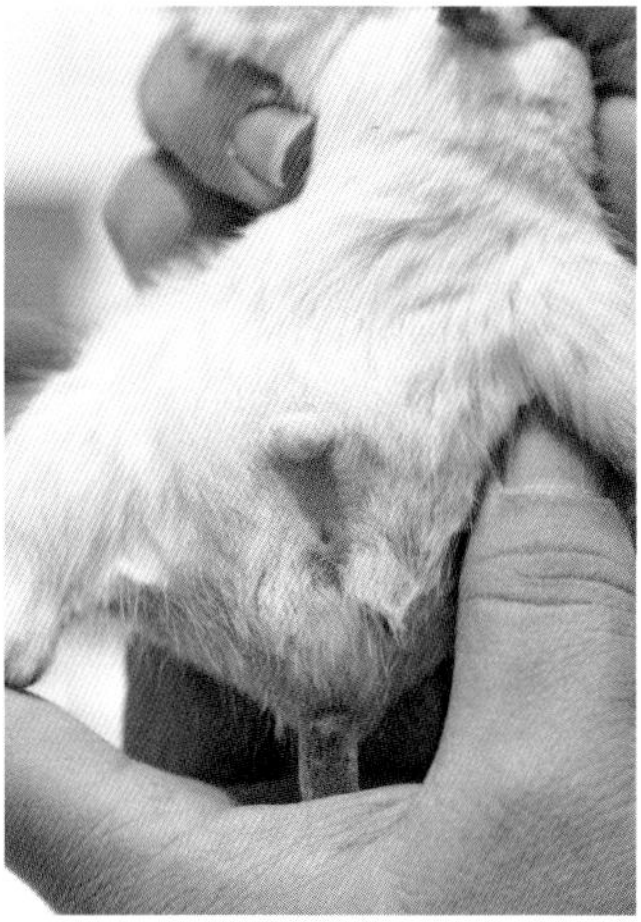

肛門との位置が離れている
オスの生殖器

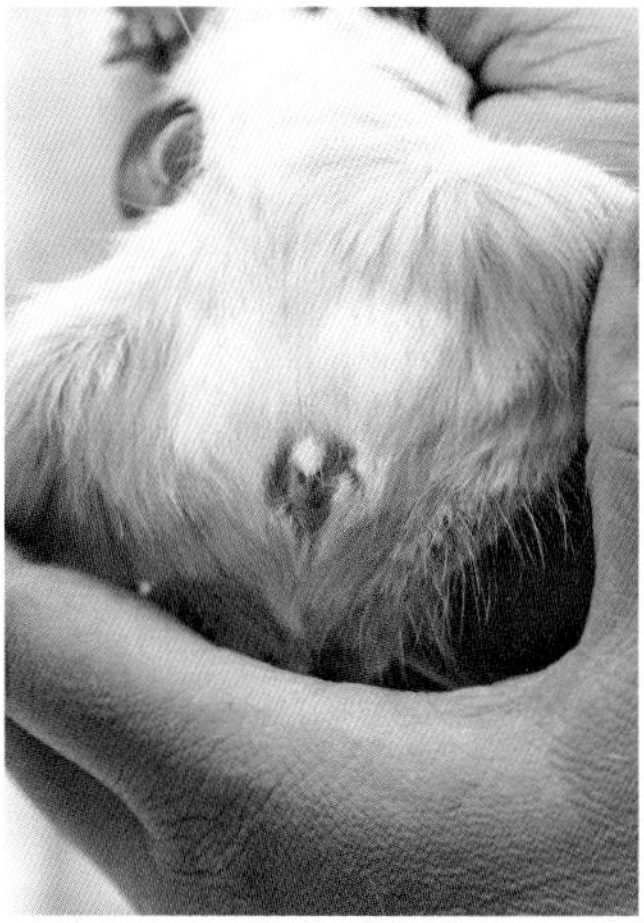

肛門との位置が近い
メスの生殖器

注意 お迎え先でのデグーの性別判断が間違っていた?!

デグーをお迎えしたあとに、あらかじめ聞いていたのとは違う性別だったと、わかることがまれにあります。

単独飼育の場合はまだいいですが、同じ性別同士の多頭飼育で繁殖をする予定がなかったのに、予定外にメスのデグーが妊娠してしまったというケースもあります。

飼い主にとっては、飼育の準備にかかわることですので、心配な場合は動物病院に行って、性別の判断をしてもらいましょう。

ポイント 6

お迎えの準備

健康な個体を選ぶには五感をフル活用しよう

これから長い付き合いになるデグーの健康状態はとても重要。デグーの見方を知って、良い個体を選びましょう。

デグーの健康チェック

まずは外見から判断しましょう。判断のポイントは、

健康のチェックポイント

- □ 目やには出ていないか
- □ 目に輝きはあるか
- □ 毛並みは艶やかで脱毛していないか
- □ 鼻水は出ていないか
- □ 食欲はあるか
- □ 歯並びは揃っているか
- □ 体に傷はないか
- □ 痩せていないか
- □ 下痢をしていないか
- □ 耳の中は清潔か

可能であれば抱かせてもらおう

気になるデグーを見つけたら、可能であれば抱かせてもらい、どんな性格なのかをチェックします。ケージに顔や手を近づけるとすぐに反応して興味を示してくれるような、元気で好奇心旺盛な子がよいでしょう。

出身地をチェック

海外で繁殖されたデグーは、長時間移動や日本との気候の違いによるストレスを抱えている場合があります。日本国内で育った個体の方が気候の差が小さく、ストレスも少ないので、安心して育てることができます。

ペットショップやブリーダーなどを回って比較してみる

ペットショップめぐりやブリーダー、もしくは里親募集で実際に気になっているデグーに会いに行き、比較して触らせてもらうのも良いでしょう。

その際にポイント4で紹介した「お迎えする時に注意したいポイント」のチェック項目を参考にしてみてください。

オスの方が人に慣れやすいという傾向がありますが、1匹で飼う場合はストレスが大きいともいわれています。

1匹のみで飼う場合は、メスを選ぶといいでしょう。

つがいで飼う場合は、メスは縄張り意識が強くケンカになりやすいため、オスを先に飼育して、その後にメスをお迎えすることをおすすめします。

注意 デグーを飼う前に

デグーは人懐っこく、いろいろな芸を覚えられる可愛くて魅力的な動物です。

すでにデグーを飼ったことがある方は、すでに経験があるかもしれませんが、デグーを飼育する上で良いことだけではなく大変に思ってしまうこともあるでしょう。

愛くるしいデグーと幸せな毎日を送るために、いくつかの心構えがあります。飼育する前に、次の項目をチェックしておきましょう。

①デグーが病気になった時に、診てもらえる病院が近くにあることを知っている
②水や餌の交換、ケージの掃除を毎日行う
③餌代や消耗品代、病院代などデグーにはお金がかかる
④デグーの習性や個性を学ぶ
⑤最後まで、しっかりと面倒を見る

お迎えの準備

デグーを飼うなら多頭飼育がおすすめ

デグーを飼うなら、単独飼育もいいですが、多頭飼育もいいものです。デグーの家族を見守る楽しみが増えます。

デグーを飼うなら多頭飼育がおすすめ

デグーは群れで生活をする生き物なので、単体ではなく多頭飼育がおすすめです。

ただし飼育下では、相性が悪いからといって野生と同じように群れを離れることができません。同じケージにいるデグーの相性が良いかしっかり観察し、ケンカを繰り返すなど仲が悪い場合はケージを分けて世話をするようにしましょう。

多頭飼育の場合は家族ができる

デグーをつがいで飼えば、子供を産み家族ができて、デグー同士のコミュニケーションの様子やくっつきあっている姿などを眺めることができます。

また、本来の生態に近い形で飼育することができます。

しかし多頭飼育の場合は単独飼育で飼うケースよりも飼い主との絆が薄れる、人に慣れにくくなるという面もあります。

同居の組み合わせ

同居の組み合わせは、離乳前から兄弟で育ったオス同士とメス同士の組み合わせが上手くいくといわれています。

オスとメスを一緒にしてしまうと交尾をしてしまうので、繁殖目的以外は別のケージに分けて飼育をしましょう。

血縁関係のないオス同士は縄張り争いや順位づけでケンカになりやすいので、おすすめできない組み合わせで、メス同士の同居が最も最適な組み合わせといわれています。メス同士でも同居後はよく観察しましょう。

単独飼育の場合は飼い主との絆が強くなる

多頭飼育ではなく、単独飼育の場合は飼い主によく懐くようになり、個体差にもよりますが芸も覚えやすくなります。

飼い主が自宅にいない間は食べたり寝たりの繰り返しになりやすいので、肥満になってしまうケースも多いです。

単独飼育の場合は食事の量をしっかり管理して、自宅にいる間はこまめに遊んであげましょう。また、1匹で飼うとデグーの性格や顔が不思議と飼い主に似てくるという報告もあります。

対策
デグーを一人暮らしで飼う場合

動物が好きで、一人暮らしでデグーを買っている飼い主もいます。一人暮らしでデグーを飼う場合は、デグーとコミュニュケーションをとる時間をできるだけつくってあげることが大事です。デグーは可愛いですし、見ていてとても癒されます。しかし、動物を飼うということは責任を負うこと。どんなに疲れて家に帰っても、毎日ケージの掃除や食事を与えるなどの世話をしなければいけません。病気になったら病院に連れて行く必要があります。夏場や冬場は24時間エアコンをつけて部屋の温度調整を行い、餌代や日用品を買いそろえるための費用もかかります。一人暮らしの場合に限りませんが、最後まで大切に面倒を見ることができるのか、よく考えてから飼育をしましょう。

ポイント 8

お迎えの準備

ケージは、網の目が細かく底面積が広いものを選ぼう

ケージの網の目は細かい方がおすすめです。あまり粗いものだとデグーが中から飛び出て、飼い主が知らないうちに危険な目に遭遇するかもしれません。

網目が細かく、底面積が広いケージがおすすめ

デグーの生息先であるチリは、標高は高いのですが、高低差は岩場の上り下り程度で少なめです。つまり、なるべく足場が固定され、地に足がついた状態で自由に動き回ることのできる、底面積が広いケージを購入することをおすすめします。

また、万が一の脱走防止のために網目の細かなものを選ぶことが好ましいでしょう。

置くスペースの関係で、高さがあるケージを選ぶ場合は落下防止対策が必要

網の目が細かく、底面積が広いタイプのケージ（幅 810mm ×奥行 505mm）の例

現実的には、飼い主の住宅事情によって、ケージを置くスペースなどが限られてしまうかもしれません。その場合は高さのあるケージに、ロフトやステージなどを置いてデグーの落下防止対策をしましょう。ケージはデグーが一番長い時間を過ごす場所なので、少しでも快適に過ごせるように工夫をしましょう。

金網かじり防止におすすめなのはアクリルケージ

金網かじりが激しい場合は、デグーがかじれない透明なアクリル製のケージもおすすめです。

デグー用のアクリル製のケージは、なかなか販売されていないためハムスターやハリネズミ用のアクリル製のケージを使用している飼い主も多いです。

アクリル製のケージは、金網を噛まないので不正咬合になりにくい、金網をかじる際に出る騒音を防げるメリットもあります。また、保温性も高いです。

ただし、メーカーによってはデグー用としてはおすすめしていない製品がありますので、実際に購入する際は確認が必要です。

快適なケージ内で遊ぶデグー

対策 掃除や持ち運びに便利なキャリー型の小型ケージやプラケース

ケージの掃除をする時にキャリー型の小型ケージやプラケースがあると便利です。動物病院に連れて行く時にも役立ちます。

また普段からデグーをキャリー型の小型ケージやプラケースに入れて慣れさせておくことで、移動の時のストレスもかかりにくくなります。

キャリー型の小型ケージやプラケースは大きすぎると落ち着きません。

布をかじらない個体は、フリースなどを中に入れておくと安心します。

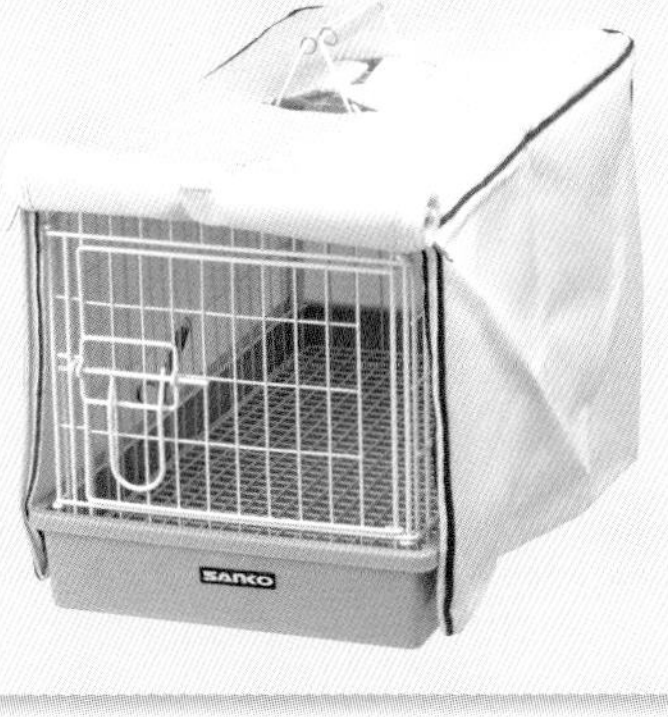

ポイント9

お迎えの準備

便利な飼育グッズでデグーが快適に暮らせるようにしよう

デグーが快適に暮らせるグッズを揃えましょう。

体重計

毎日の健康管理に便利な飼育グッズです。毎日の健康管理に使用できる便利な飼育グッズです。

1g単位で測れるものでも良いですが、0・1g単位で測れる体重計があると子供の体重も把握できて安心です。

一般的には容器にデグーを入れて重さを測るケースが多いので、容器を置いてから重さを0にセットできるデジタルスケールがおすすめです。

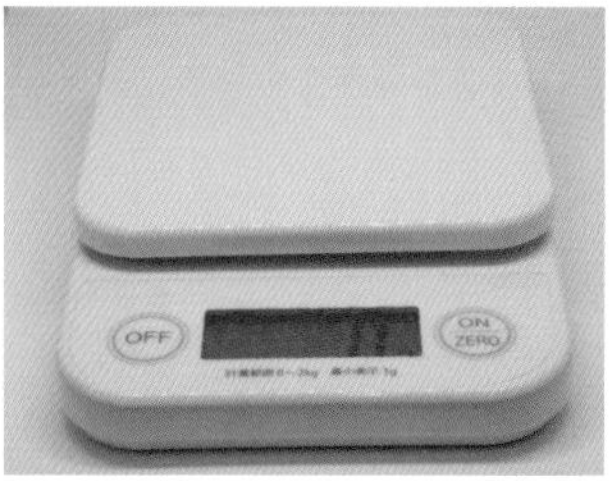

デジタル測定器

爪切りとグルーミング用品

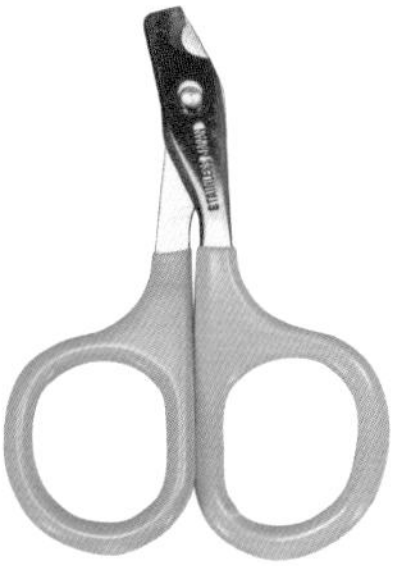
爪切り

爪が伸びた時には、小動物用の爪切りや赤ちゃん用の爪切りを使用しましょう（詳しくはポイント20参照)。

なでられることが好きな個体には、ウサギなどの小動物用の被毛ケアグッズなどを使ってグルーミングすることもできます。

ナスカン

ナスカン

デグーは頭が良いので、ちょっとした隙間から脱走する恐れがあります。ナスカンを施錠して脱走対策をとりましょう。

また、扉の開閉がゆるくなった時にも利用できます。さらに、ハンモックや寝床を吊るしたい場合にも使用できて便利です。

季節グッズ

季節に合わせて、熱中症防止に大理石やアルミでできた涼感プレート、寒さ対策にペットヒーターを使用しましょう。

ケージに直接置くタイプと吊るすタイプがあるので、個体に合わせて選びましょう。

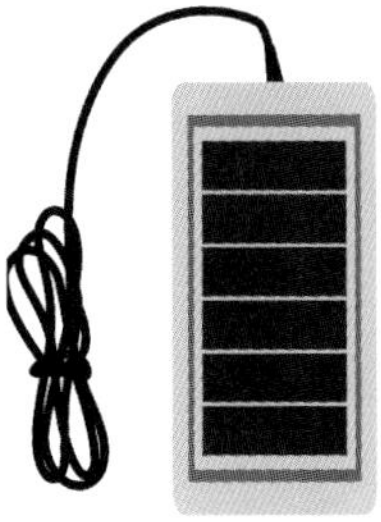
小動物用のヒーター

対策 床材の種類や敷き方

床材を敷くことで、高い場所から飛び降りた時に足裏を保護し、ケガの防止にも繋がり、排泄物も処理しやすくなります。

床材には、吸水性のあるウッドチップやウッドペレット、おがくず、木の粉、3番刈りチモシーなどがあります。

飼い主が、アレルギーが心配な場合は、パイン材などの針葉樹系ではなく、シラカバなどの広葉樹系の素材を選びましょう。

床材は一般的には新聞紙の上にウッドペレットを敷き、その上にバミューダヘイをかぶせます。バミューダヘイとウッドペレットは週2回、新聞紙は週1回を目安に交換して衛生的面にも気を配りましょう。

床材交換時にはケージの底がかじられて穴があいていないか、しっかり確認しましょう。床材のかわりに足の負担を和らげるマット類を敷く方法もあります。

おがくず

ポイント 10

お迎えの準備

デグーの飼育に欠かせないグッズを知ろう

その他、デグーの飼育には欠かせないアイテムがあります。それらを紹介します。

巣箱やハンモック

デグーが寝床として使う巣箱やハンモックや布製のベッドは、飼育に欠かせない必需品です。

木製の巣箱は冬の防寒対策としても使えますが、全部かじってしまう個体もいるようです。

あらかじめ、そのことを考慮してから購入を考えましょう。

巣箱やハンモック

回し車

回し車

デグーの運動不足解消や退屈しのぎに役立つ飼育グッズです。プラスチック製の場合はかじってしまう個体もいます。

小さい子供がいる場合は、危ないので取り外してください。

ステージや渡り木

ステージや渡り木を活用することで、デグーが活発に動くことができるようになります。

運動不足解消にも一役買いますし、いきいきと動きます。

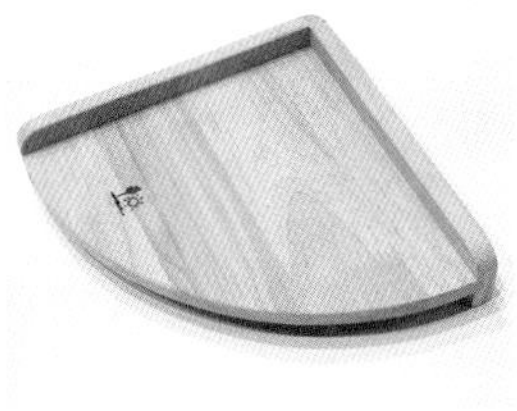
ステージ

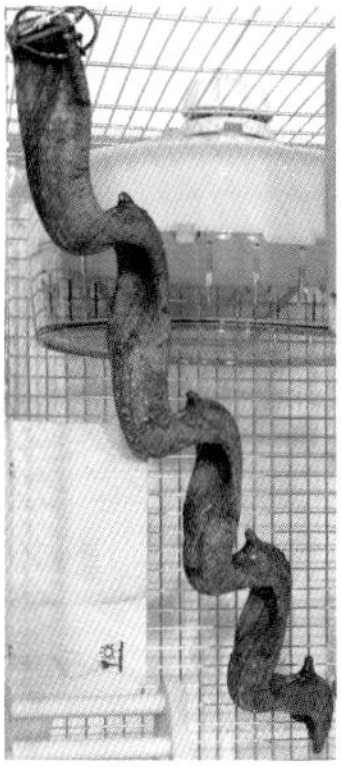
渡り木

おもちゃ類

デグーが大好きなかじれるおもちゃを設置しましょう。

退屈しのぎやケージの金網かじり防止にもなります。

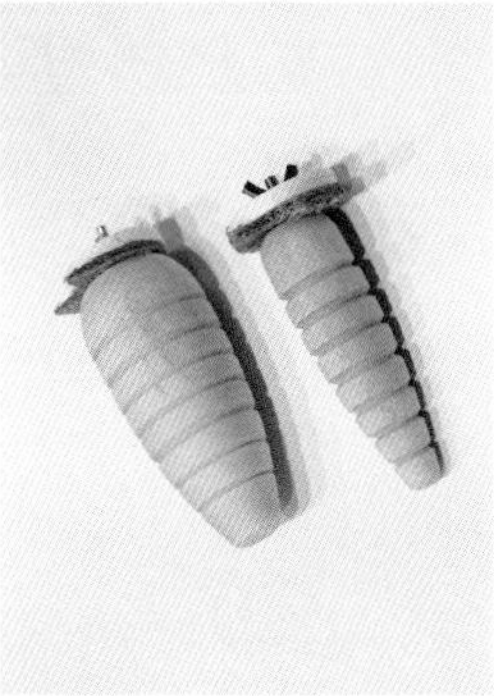
かじり木

対策 デグーの育て方に合わせて飼育グッズを選ぼう

デグーの寝床はその日の気分や気温に合わせて選べるように巣箱とハンモックなど２種類用意すると良いでしょう。

繁殖を望んでいる場合は、広さが十分にある巣箱を選ぶことをおすすめします。

また、回し車は大人のデグーで直径30cmほどのサイズがちょうど良いです。

かじれるおもちゃのほかに、木製のかじれるフェンスなどもおすすめです。デグーがいつもケージの金網かじりをする場所に置いておくと、金網の代わりにかじれるフェンスをかじるようになります。

ケージかじりの音防止にはなりませんが、不正咬合防止対策としても役立ちます。

かじるのが好きな個体の場合は消耗も早くその都度新しい物と交換が必要になります。かじり木と同様に、デグーのかじりたい気持ちを発散させる役割を果たします。

ポイント 11

お迎えの準備

ケージ内は、状況に合わせて変更しよう

ケージ内のレイアウトは、デグーにとって快適な住みかとなるように配置しましょう。

ステージや回し車を設置して運動不足を解消

デグーは活発に動く生き物なので、ステージ、ステージスタンド、ハンモック、回し車、渡り木などを設置して、好きなだけ運動できる環境をつくりましょう。行動範囲がぐっと広がり、楽しそうに動き回ります。

食器類や給水ボトルは取り替えやすい場所に

食器は毎日取り出す必要があるので、ケージの入り口付近など出し入れしやすい場所に置きます。給水ボトルや給水皿は飲みやすい位置に設置し、いつでも新鮮な水が飲めるように、毎日取り替えましょう。

巣箱や小動物用の浴び砂を設置

デグーはもともと巣穴をつくって生活する動物です。遮光性のある巣箱を設置して落ち着ける場所を整えましょう。

また、体の汚れを落とすお風呂の代わりに砂浴びをするので、小動物用の浴び砂を容器に入れ

て設置しておきましょう。

ケージ内の点検

デグーがケージで暮らすようになったら、危なそうな場所や使いにくそうなところがないか、よく確認します。落下してしまいそうな危ない場所の下にはステージや渡り木を追加するなど、状況に応じてケージ内を点検するようにしましょう。

なお、当然それには1匹で飼う場合と群れで飼う場合によっても状況は違ってきます。群れで飼う場合は、ケージの底にかじり木などのおもちゃを置きすぎないようにして広くて動きやすいレイアウトを、また、デグーの成長度合いによって回し車の大きさも変えていく必要があります。それぞれの状況に合わせて、レイアウトを工夫するようにしてみましょう。

回し車で遊ぶデグー

注意 デグーはトイレを覚えない？

デグーはトイレ容器をケージ内に設置してもトイレを覚えることが難しいと言われています。

トイレ容器の上に尿のついたティッシュを置くという一般的なトイレトレーニングの方法で覚えてくれればいいのですが、可能性は低いとされています。

しかし、なかには2回トイレトレーニングをして完璧に覚えたというデグーもいるので、個体差があるようです。

一般的にはケージの四隅でトイレをするケースが多いので、この部分にペットシーツやトイレ砂を敷くといいでしょう。

ケージ内のレイアウト例

主に青年期・壮年期の活発なデグー対象のケージのレイアウト例

斜め横から

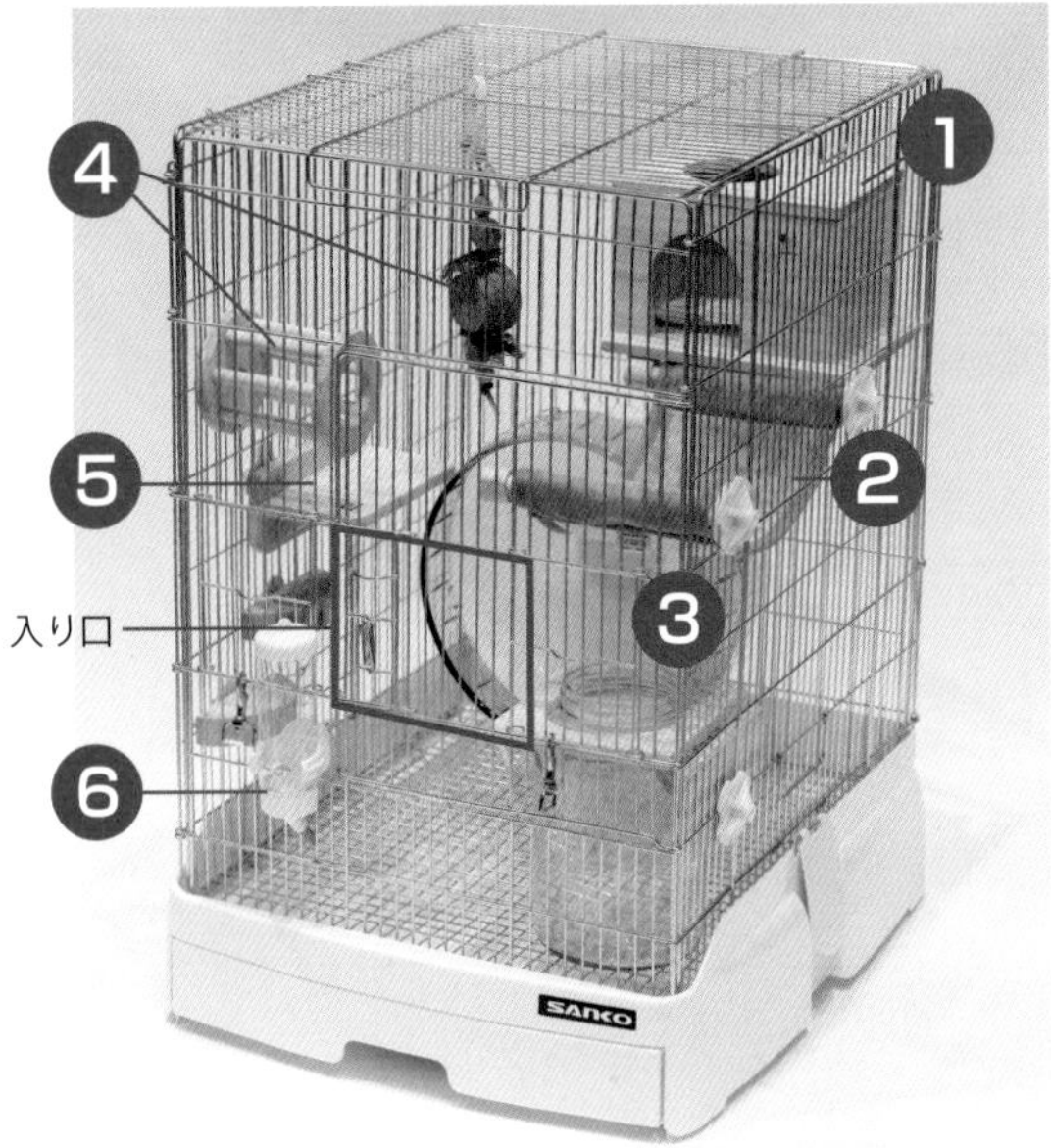

①巣箱
②ハンモック
③回し車
④かじり木
⑤ステージ
⑥給水ボトル
⑦砂浴び容器と砂

入口の近くには、飼い主のこまめな手入れが必要な給水ボトル（もしくは給水皿）、砂浴び容器、食器などを置きましょう。その他、ステージやハンモック、回し車などを設置して、好きなだけ運動できる環境をつくりましょう。

真上から

主に老年期のデグー対象のケージのレイアウト例

斜め横から

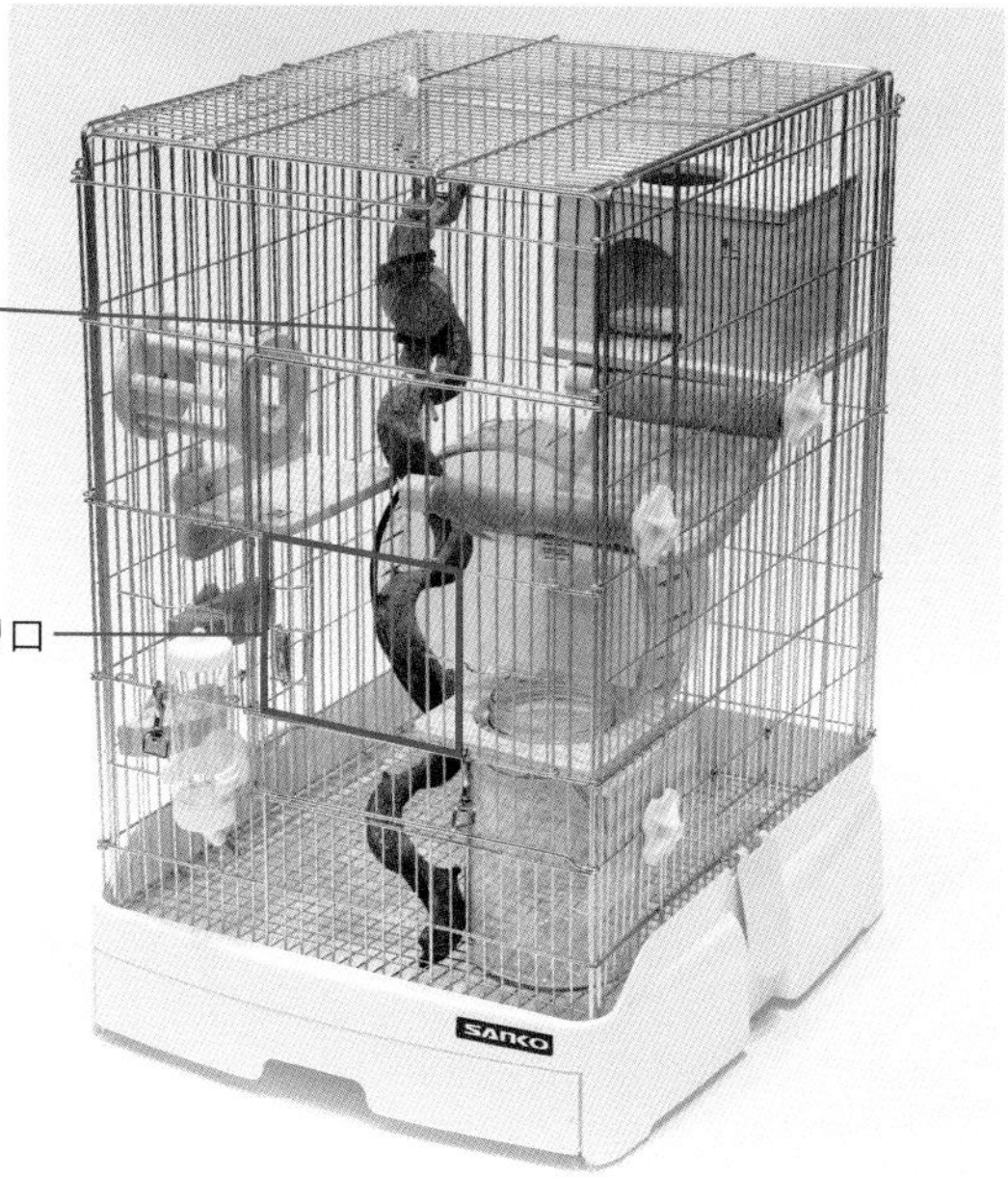

老年期のデグーがいる場合には、この例のように、高さのあるケージには、渡り木を入れて段差を減らし、なるべく落ちることのないように工夫しましょう。

真上から

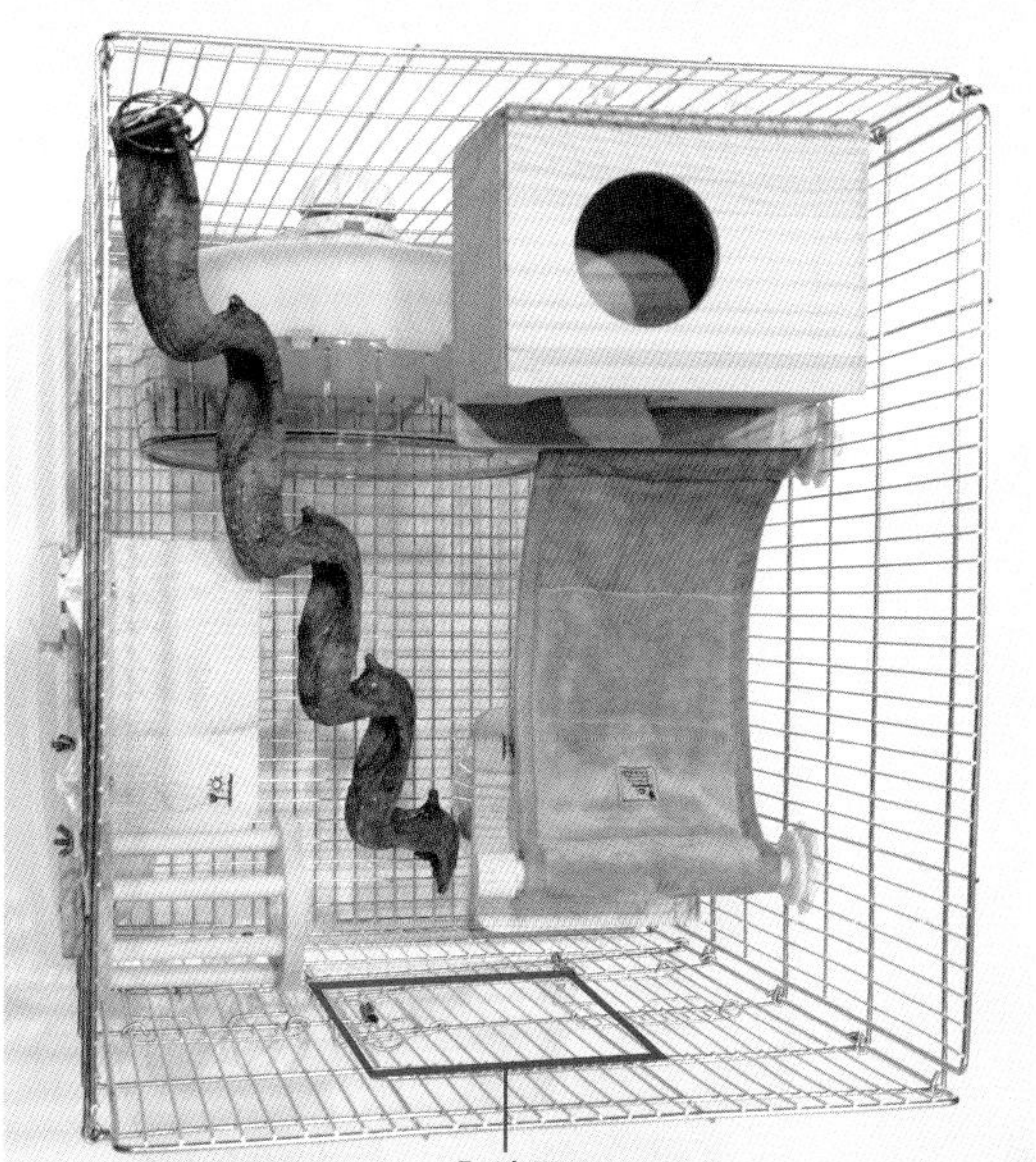

フィールドガーデン代表の茂木宏一さんインタビュー その1

デグーを多く取り扱っているペットショップ
デグーの聖地・フィールドガーデンさんに
お邪魔してお話を伺いました

代表・茂木氏

デグーは頭が良い動物。もしもデグーに噛まれたら……

デグーは可愛がれば可愛がった分、愛情を返してくれます。

小さな犬のような動物で人間への依存度が高く、頭もいい。

犬は爪切りが必要な動物ですが、デグーは基本的には爪切りが要らないので、お世話をする手間もかかりません。

体も丈夫で、一般的には5歳くらいになるまで病気にもならず、元気に過ごす個体が多いです。

また、デグーは名前を読んだり声をかけたりすると返事をしてくれます。

大きさの違う容器を重ねる「入れ子操作」ができたり、棒を使って物を引き寄せたりすることができます。

ただし頭が良い分、デグーに嫌なことばかりをするとそのことを記憶し、嫌われてしまったり懐かなくなってしまったりします。

デグーは基本的には人を噛みません。

もし、人に慣れているデグーが噛んできたら、よほどびっくりしたり、嫌なことをされたのか、あるいは興奮している時に勢いあまって噛んでしまったのかもしれません。

デグーが展示されている様子

新たな飼い主を待つホワイトデグー

第2章

もっと充実したデグーライフのために お迎え・飼育のポイントをおさえよう

ポイント12

お迎え

購入先などで使っていた床材を敷くのも手！

デグーを新しい環境に慣れさせるために、元居た場所で使っていた床材を譲ってもらいましょう。

購入先で使っていた床材を敷く

購入先で使っていた床材をもらって新居に敷くことで、デグーが新しい環境に早く慣れてくれるようになります。

ケージには、布などをかぶせておくと、その場所に慣れていないデグーは安心します。しか

若いデグーの方が環境に早く慣れる

個体差はありますが、一般的には年齢が若いデグーの方が警戒心が少なく、新たな環境に順応しやすいといわれています。

離乳して自分でエサを食べられるようになる生後6週目以降がベストといわれています。

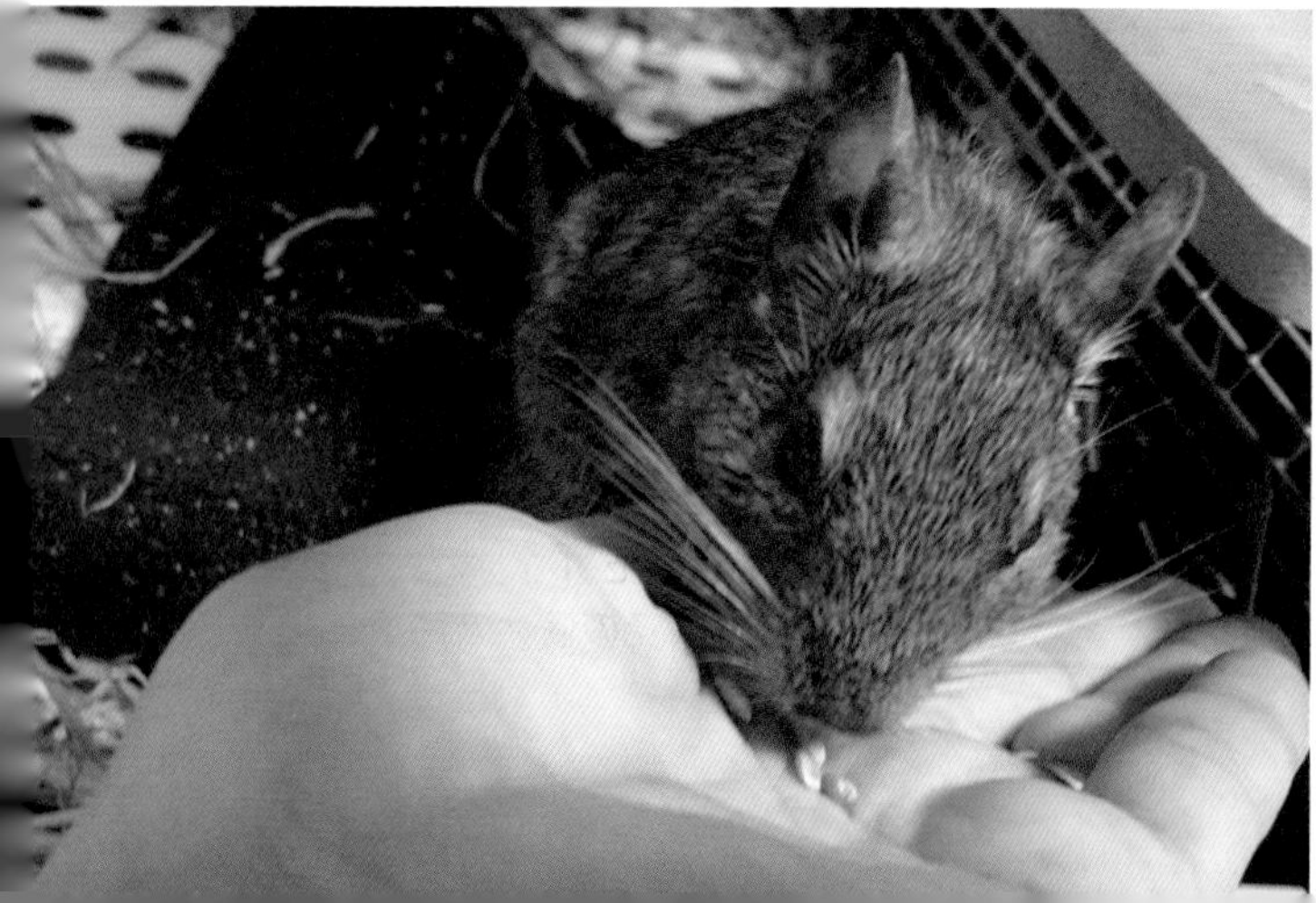

名前を呼びながら手でエサをあげる

し、徐々に慣らすためには、周囲の情報を遮断せず、そのデグーがまわりの景色を見渡すことができるように、完全に覆うことは避けましょう。

日々の世話を手早く行う

はじめのうちは、エサや飲み水、床材の交換を手早く行ってデグーにあまりストレスを感じさせないようにしましょう。

また、デグーがその場の環境に慣れてくるまで、触ったり抱いたりしないで、じっと見守ることも大切です。

デグーの警戒心を解消しよう

時にはケージのそばに座って本を読むなどして、飼い主が近くに来ても怖くないことを認識してもらいましょう。

また、食事を与える時に名前を呼ぶようにすることで、声が聞こえたら食事がもらえるということを学習させておくといいでしょう。そのうち、回し車で遊ぶようになったり、鳴き声が聞こえるようになったりしたら、デグーが新しい環境に慣れてきた証拠となります。

対策 牧草を食べない原因

牧草を食べない原因の一つに、保存方法が考えられます。牧草は密閉できる袋や容器に乾燥剤と一緒に保存してください。保存状態が良いとデグーは牧草をたくさん食べるようになります。

また、牧草を天日干ししたり、電子レンジで温めてから与えると香りが出て、歯ごたえも良くなり、食欲もすすみます。

牧草を食べなくなった場合に方法の一つとして試してみるのもいいでしょう。

不正咬合が原因で牧草が食べられなくなったという可能性も考えられるので、動物病院で診察してもらうことも視野に入れておくことをおすすめします。

また、牧草にもデグーそれぞれに好みがあるので、お試しセットなどを買って食べさせて、飼い主がその個体の好みのものを把握しておくといいでしょう。

ポイント 13

飼育のポイント

巣箱内外の状況を確認しながら清掃しよう

ケージの清掃をする際は、ケージ内に危ない場所がないかを確認しながら行いましょう。

日頃からケージ内をきれいにしておこう

デグーがケガをしないように日頃からケージ内を掃除し、衛生的に保つようにしましょう。

ペットとして飼育されているデグーは野生下とは違い、飼い主がしっかり管理をしないと生きていけません。病気やケガから守れるように、責任を持ってお世話をして健康的に暮らせるようにましょう。

掃除をしながら、ケージ内の状態を確認しよう

ケージの掃除をする際に、デグーがどれくらい寝床やグッズをかじっているのか、爪をひっかけそうな部分がないか、ケガをしてしまいそうな場所がないかなどをしっかり確認することを習慣づけましょう。

巣箱の中も必ずチェック！

デグーは巣箱にエサを隠す習

性があります。水気のある野菜を隠してしまうとカビになる原因につながります。

毎日の掃除の際に、巣箱の中に何か物を隠していないかきちんとチェックしましょう。

デグーがなめても大丈夫な除菌消臭剤を選ぼう

ケージの外で排泄してしまった時やケージ内の掃除の時に除菌消臭剤を使用します。その際に、デグーがなめても安心な小動物用のものを選んでください。

また、除菌消臭剤がデグーにかからないように、注意をしながら掃除をしましょう。ドリンクタイプの消臭剤もあります。

中に水気のある野菜が入っていることもあるため、必ず中をチェックしよう

注意 デグーの匂いを消さないように掃除しよう

デグーは縄張りを認識し、主張するためにマーキングをします。

しかし、ケージを隅から隅まで掃除し、デグー自身の匂いが消えてしまうように掃除をしないようにしましょう。隅から隅まで除菌消臭をしてしまうと、かえってデグーは落ち着かなくなってしまいます。

また、特に匂いがきつい石鹸などの使用は控えることが大切です。

ケージと飼育グッズの洗浄はそれぞれ別日に行い、匂いを消さないように注意して清掃を行ってください。

新しくお迎えしたばかりの時は、大がかりな掃除を行わないように注意しましょう。

ポイント 14

飼育のポイント

成長段階に応じた主食を与えよう

デグーの代表的な主食・チモシー。
1番刈りから3番刈りまで、その特徴に合わせた成長期のデグーにあげましょう。

デグーの主食とは？

デグーは完全な草食で、野生下では主にイネ科の植物などを主食としています。飼育下では繊維質が多い牧草を主食にして、補助としてペレットを与えるとよいでしょう。ペレットは記載の分量を参考に、体格や便の状態に合わせて与えてください。

デグーの代表的な主食チモシー

デグーに与える代表的な主食はイネ科のチモシー（和名・オオアワガエリ）です。
チモシーは1年に3回収穫できて、1番刈り、2番刈り、3番刈りがあります。

収穫期	適した成長過程（※）	特徴
1番刈り	青年期以降	栄養価が高く、繊維質も豊富。歯ごたえがあって硬い
2番刈り	幼年期以降	1番刈りよりも柔らかい
3番刈り	幼年期	柔らかくエサや床材に使用

※成長過程はポイント23～26参照。

チモシー以外の主食として与えられる牧草

チモシー以外にオーチャードグラスやイタリアンライグラス、バミューダグラス、クレイングラス、オーツヘイ、大麦などの牧草を与えることができます。デグーがチモシーを食べなくなった時に与えてみましょう。

上手な牧草の与え方

牧草は牧草フィーダーを使用するか、床に直に置きます。与えた牧草が残っていると排泄物で汚れたり湿ったりしますので、こまめに新しいものと交換しましょう。新しい牧草と交換することで、デグーの食欲も進みます。汚れていない牧草は天日干しすれば、食べてくれることもあります。

栄養価が高く、繊維質も豊富な１番刈りチモシー

対策

ペレットを与えすぎないようにしよう

牧草とペレットの違いの一つに、食べる時に歯をどのくらい使うかという注意するべきポイントがあります。

牧草は臼歯をまんべんなく使いますが、ペレットは砕けやすく、すぐに食べられます。しかし、ペレットばかりを与えると臼歯が削れず、不正咬合などの歯のトラブルが起こりやすくなる可能性も考えられます。さらに、ペレットの食べすぎで肥満になるといったデメリットもあります。

大人の健全なデグーには牧草を食べさせて、きちんと臼歯が削れるように十分な食事時間をつくり、歯や体のトラブルを未然に防げるように配慮しましょう。

ちなみに、１日に与えるペレットの量はデグーの体重の 5% が目安とされています。

ポイント 15

飼育のポイント

食事のバリエーションを増やそう

主食のほかに副食を与えましょう。ただし、与えてはいけない食べ物もあるので注意しましょう。

偏食防止や食事のバリエーションを増やすために野菜を与えよう

主食の牧草やペレットの他にも副食として野菜や乾燥野菜を与えましょう。野菜は、体に良いビタミンやミネラルが豊富に含まれ、種類も豊富です。食事のバリエーションが豊かになり、偏食防止につながります。

少しずつ与えて、気に入ったものを探してみましょう。

与えても良い野菜

野菜は、主食の牧草からは摂取できないビタミンの補給に役に立ちます。与えて良い野菜としては、キャベツやにんじんの

注意 アルファルファを与える際の注意点

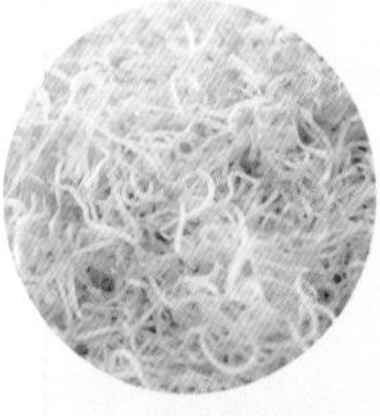

アルファルファとはマメ科の多年草で、日本名はムラサキウマゴヤシ、糸もやしとも呼ばれています。

野菜の王様ともいわれ、栄養成分がたくさん含まれています。

生後６ヶ月までの子供のデグーや妊娠している個体に与えるのは良いのですが、大人のデグーに与えすぎると肥満になってしまうので、気をつけましょう。

乾燥させた桑のクワを食べているところ

葉、大根の葉、小松菜、水菜、チンゲンサイ、アルファルファなどがあります。

デグーのなかには、味が濃く、保存ができる乾燥野菜を特に好む個体もいます。

与える量

野菜は水分量が多いため、与えすぎると下痢になる恐れがあるので注意しましょう。

目安として主食の邪魔にならない程度に毎日1種類、週替わりで2〜3種類を与えることをおすすめします。

一方、乾燥野菜は量が減るため、数種類与えても主食の邪魔にはなりません。

デグーのおやつとは？

主食や副食以外のデグーが大好きな食べ物がおやつです。

ひまわりの種や大麦、アルファルファスナック、クワの葉、ベジドロップ（キャロット・ビーツ・パセリ・タンポポ）など、豊富な種類があります。

おやつは、飼い主に慣れてもらいたい時や、芸を覚えるご褒美に、デグーとのコミュニケーションを円滑にする一つのツールとして与えましょう。

対策

デグーに与えてはいけない食べ物

人が普通に食べている食べ物でも、デグーにとっては毒になる食べ物があります。

牛乳は下痢をする原因になるので、決して与えてはいけません。

そのほかにも、玉ネギや長ネギなどのネギ類やニラ、ジャガイモの皮と芽、アボカド、桃、さくらんぼ、梅、アンズ、ビワなどのバラ科の果実などが挙げられます。

人間が食べるクッキーやチョコレート、ケーキなども脂肪分や糖分、塩分は多いため、健康を害する恐れがあります。

デグーは自分で食べるものを選べないので、飼い主が責任を持ってしっかり管理しましょう。

長ネギなどのネギ類は与えてはいけない

ポイント16

飼育のポイント

その他デグーに与えても良い食べ物を知ろう

ほかにも、デグーに与えて良い食べ物を知っておくことで、デグーに豊富な栄養をとらせることができます。

野草

野草には健康維持に効果のある薬効成分が含まれています。なかでも、タンポポやナズナ、オオバコは与えて良いです。乾燥タイプが販売されています。

春に川原や公園に行って野草つみを行うのも良いでしょう。その際には犬の排泄物や農薬、除草剤が使用されていない場所を選んでください。安全性が確認できる野草は与えましょう。

住宅街の道端や公園の片隅で見つけることができるオオバコ

ハーブ

ハーブも野草と同様の効果が見込め、なかでも、バジルやミント、イタリアンパセリ、レモンバームなどはデグーに与えて良いハーブです。

家庭で育てたハーブを与えるのも良いでしょう。食事メニューの一つとして加えることは推奨しますが、野草と同様に与えすぎには気をつけてください。

家庭で手軽に育てることができるバジル

果物

果物は与えても良いですが糖質が多いので、毎日など過度には与えないようにしましょう。肥満や糖尿病、虫歯のリスクもあります。果物をおやつとして与える場合は、そのままの果実を切って少しだけ、もしくは乾燥して販売されているものを少量与えましょう。

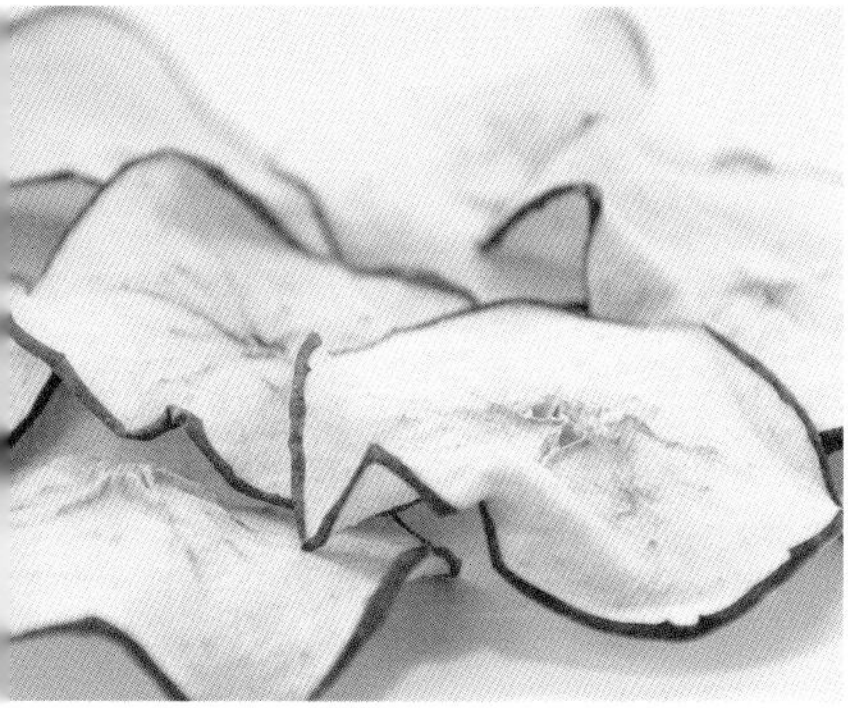
水分を過度に与えないように乾燥させたリンゴ

穀物や種

デグーが好む食べ物としてあげられることが多い、えん麦、くるみやそばの実、栗、とうもりころしなどの種などもおやつとして与えられます。

いずれも与えすぎないように注意が必要です。

カロリーが高く、脂質も高いえん麦。
与えすぎに注意しよう

ポイント17

飼育のポイント

幼年期の給水ボトルは不正咬合になる恐れがあるため注意しよう

まだ歯がしっかりしていない幼年期は、給水ボトルの給水口で歯を痛めてしまうことがあるため、注意しましょう。

日本の水道水で問題なし

日本の水道を飲み水として与えても、何も問題はありません。ただし、デグーが体調を崩しがちで気になる場合は、浄水器を使ったり、ボウルに水を入れて一晩おいて汲み置きをしたり、水道水を沸騰させて冷ましたり

給水ボトルから水を飲む様子

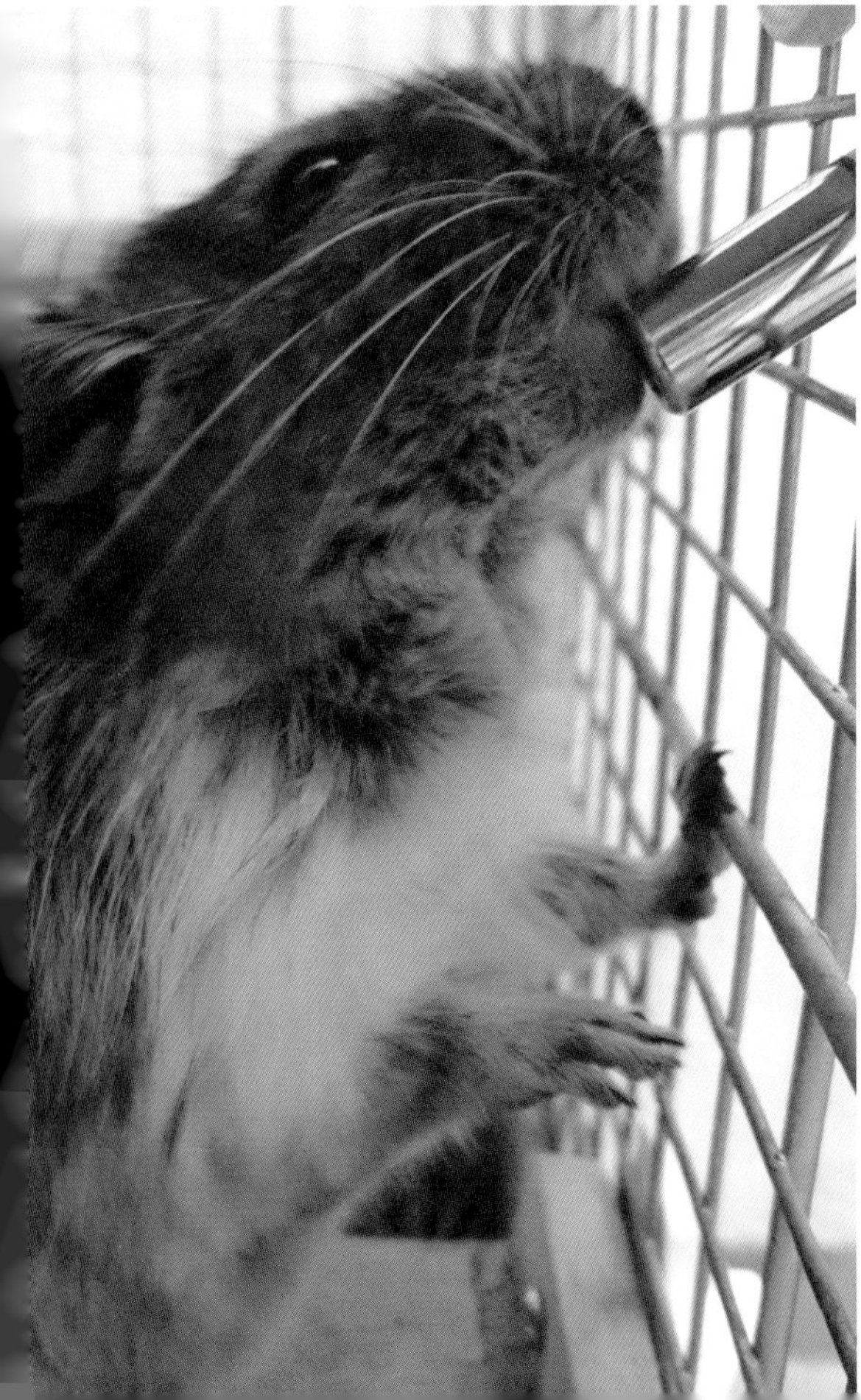

してから与えましょう。

給水ボトルや皿はいつでも清潔に

皿を使用する場合は、重さがある倒れない陶器製やステンレス製のものを選びましょう。

皿には排泄物や床材が入ってしまうので、こまめに取り替えて設置場所を工夫しましょう。

飲み水は毎日与えよう

デグーは野生下で乾燥した地域に住んでいるため、少量の水を効率的に利用できる体のつくりになっています。

しかし、飼育下では牧草やペレットなど水分の少ない食べ物を与えているので、水分をたっぷりとる必要があります。

飲み水は毎日与えて、デグーが飲みたい時にいつでも水が飲める環境をつくりましょう。

水の硬度は軟水が最適

ミネラルウォーターを与える場合は、ミネラル分が多い硬水ではなく軟水を使います。事前にしっかり確認をしましょう。

また、災害や緊急時のために備えておくことをおすすめします。

注意 給水ボトルで水を与える場合

給水ボトルは場所もとらず、新鮮な水をいつでも与えられるので便利です。

しかし、幼年期に給水ボトルで水を与える場合は飲み口を噛んでしまい、不正咬合になる恐れがあり注意が必要です。

まだ幼いうちは給水方法をお皿にして、歯が形成されたら給水ボトルを使用するようにするのがおすすめです。

また、飲み口をかじることで水が出なくなってしまうこともあるので、水がちゃんと飲めているのか、定期的に確認しましょう。

なお、デグーが1日に飲む水の量は、10mlから20mlといわれています。水を必要以上に飲む場合は糖尿病（ポイント44参照）の可能性も考えられます。給水ボトルやを交換する際に水の量を確認しましょう。毎日決まった時間に水の交換を行うと減った分の水の量を確認しやすいです。

ポイント18

飼育のポイント

デグーはかじる動物と心得て、プラスチック製や布製の物は置かないようにしよう

デグーはかじる習性のある動物です。かじることを前提にデグーが接触する物を選びましょう。

かじれない食器や木製やわら製のおもちゃを選ぼう

プラスチック製品や布製のものをかじると、細かい破片がお腹の中に多くたまってしまうことがあります。

そのトラブルを防ぐために、食器は陶磁器やステンレス製のかじれないものなどにしたり木製やわら製のおもちゃを選んだりするなど工夫をしましょう。

かじれるおもちゃの種類と注意点

かじれるおもちゃは、天井から吊るすものや側面に付けられるもの、床に転がすものなどさまざまな種類があります。

物をかじるのが大好きなので、なかには、翌日にはかじれるおもちゃを全部かじってしまったり、壊してしまったりする個体もいます。そのことをあらかじめ心得て、おもちゃを購入する

ようにしましょう。

かじり木やステージ、木箱は消耗品とみなす

かじり木やステージ、木箱などはすぐになくなる消耗品として考える必要があります。

壊れてきたり危険性を感じたりした時に、すぐに新しいものと交換できるように余分に用意しておくのもいいでしょう。

100円均一やDIYショップの木材もOK

100円均一やDIYショップで販売されている木材も、かじれるおもちゃとして使用できます。デグーも喜びます。

しかし、安全のために、防腐剤や漂白剤、防カビ剤が使用されていないかお店の人に聞くなどして、購入前に確認をする必要があります。

木片をかじっているデグー

対策 かじれるおもちゃを与えて、ストレスや病気を防ごう

デグーはなぜ、かじり木やステージ、木箱、回し車などあらゆるものをかじるか疑問に思うこともあるでしょう。

その理由はストレスを解消させることと伸び続ける歯を削るためです。

物をかじれなくなってしまうとストレスがたまり脱毛症になってしまったり歯が伸びすぎると不正咬合を招きます。

デグーにとってかじることは、健康を維持するためにも、とても大事なことなのです。

安全にかじれるおもちゃなどをデグーに与えて、自由にかじれるように工夫をしましょう。回し車が壊れてしまった時にも気をそらせるために、かじるおもちゃは役立ちます。

ポイント19

飼育のポイント

デグーが快適で過ごしやすい温度は25度前後、湿度は50%前後

デグーが快適で過ごしやすい環境づくりには室温や湿度の調整も欠かせません。

野生のデグーは寒さに弱い

野生のデグーは標高1,200mの場所に暮らしているので、寒さに強いと思われがちです。しかし、実際は巣穴に寒さから身を守るように集団で身を寄せ合います。実は、寒さには弱い生き物なのです。

冬の寒さ対策

デグーが低体温症にならないように、温度調整をしっかり行っていきましょう。

暖房は20度以上に設定し、ペットヒーターを設置してください。

暖かい空気は上昇するために床の温度は低くなります。そのため、デグーが感じている室温を正確に測るには、ケージの近くで測りましょう。

野生のデグーは夏に巣穴で涼んでいる

デグーは寒さのみならず、暑さも苦手な生き物です。

デグーの出身地であるチリの夏の日中は気温が上がり、場合

によっては30度を超えるほどの暑さとなります。夏の間デグーは日中外に出ずに、地下にある巣穴に涼みながら過ごし、涼しい時間帯に活動します。

夏の暑さ対策・湿度管理

デグーが熱中症にならないように、夏の暑い日には1日中エアコンをつけて温度管理（26度程度）を行うのが好ましいです。ただし、夜が涼しければ昼間だけつけるなど、状況に合わせてその都度調整をしましょう。

野生のデグーが住むチリは、夏は暑く乾燥します。それに比べて日本の夏や梅雨の時期は湿度が高くなってしまいます。

エアコンの除湿機能を活用してしっかりと湿度管理を行い、デグーが快適な環境で暮らせるように工夫をしましょう。

湿度計付温度計／温度は 25 度前後、湿度は 50% 前後が最適

注意 デグーの最適温度

一般的にデグーにとって、温度は 25 度前後、湿度は 50% 前後が、最適で過ごしやすい環境といわれています。

温度計・湿度計があるとケージ内の 1 日の寒暖差や湿度の状態がわかり、1 年を通して暑さや寒さ対策ができて便利です。

しかし、適温はデグーの個体によって異なる場合もあるので、最適温度や湿度に設定しても、デグーが寒そうにしていないか、暑がっていないか状態を確認しましょう。

病気のデグーや年老いたデグー、赤ちゃんデグーがいる場合は温度や湿度管理をしっかりと行いましょう。特に、病気のデグーや年老いたデグー、赤ちゃんデグーがいる場合は生死にも関わるので、温度や湿度管理を今まで以上にしっかりと行いましょう。

ポイント 20

飼育のポイント

自分で爪を調整できなくなったデグーには定期的に爪切りをしよう

デグーの爪は、通常は手入れは不要ですが、必要な時もあります。その時に適切に飼い主が処置してあげましょう。

手入れ不要なデグーが多い

野生のデグーは、自然の中で暮らしているうちに自然と爪がすり減っていくので、爪切りの必要がありません。

飼育下のデグーも動き回っているうちにすり減ったり自分で爪を噛んだりするので、通常は爪切りが不要です。

爪が伸びっぱなしの個体には爪切りを

爪が伸びっぱなしの個体や老齢のデグー、ケガをしてしまい自分で爪の手入れができなくなってしまったデグーには、爪切りをしましょう。

爪が伸びたままの状態だとケガをしてしまったり、デグー自身を傷つけてしまったりする場合があるので、飼い主が定期的に爪の長さをチェックするようにしてください。

2人で爪切りを行うのがおすすめ

爪切りは、デグーが動くため、抱く人と爪を切る人との、できれば2人で役割分担して行うことをおすすめします。

まず、1人がおやつを与えます。1人がデグーを縦に抱き、おやつを与えます。デグーがおやつに夢中になるので、その間にもう1人が爪を切ってください。

おやつは食べるのに時間がかかるタイプを選びましょう。

1人で爪切りを行う場合

爪切りを自分1人で行う場合は、網目の細かいケージやキャリーにに入れて、網目から飛び出た爪を適切にカットするといいでしょう。

デグーは、かなり爪切りを嫌がるので1日1本ずつカットするなど少しずつ爪切りを行い、ストレスを抑える配慮が必要です。図のように伸びた先端の尖った部分をカットします。

前足の爪だけをカットする。後ろ足は自然とすり減るために切らない。点線の部分でカットする

対策

デグーの爪が伸びすぎると・・・

爪が伸びすぎてしまうと毛づくろいをする時に手や足に当たってしまったり、目を傷つけてしまったり、狭い場所やケージの隙間に引っ掛けてしまったり、爪が邪魔で足が地面にちゃんとつかなくなってしまうなどデグーがケガをする原因につながります。

回し車などのおもちゃで遊んでいて爪が挟まって折れてしまうケースもあります。

デグーの爪を自分で切る場合は、小動物用の爪切りや、赤ちゃん用の爪切りで切るようにしましょう。

自分で爪切りをするのが難しい場合は、エキゾチックアニマルを診療している動物病院で切ってもらいましょう。

ポイント21

飼育のポイント

デグーの砂浴びは必要不可欠な行動であることを知っておこう

デグーにとって砂浴びは欠かせません。それには、生きていくうえでの理由があります。

定期的な砂浴びが必要

デグーは砂浴びが大好きです。デグーにとって砂浴びはお風呂のような役割を果たします。

砂浴びは、体の汚れや余分な皮脂を落とし、被毛を清潔に保てるようになり、まさに健康維持には欠かせません。

また、砂浴びをすることで共同体と同じ匂いを共有できるという役割もあります。

砂浴びの時間や頻度

長い時間砂浴びをしていると、そこに排泄してしまうことがあるため、短時間で行いましょう。もしも砂場に排泄物があった際は、その都度取り除く必要があるので、確認しましょう。

砂浴びの目安としては、週に2～3回は時間を決めて、させるようにしましょう。

砂浴び用の容器

デグー用の容器ではなく市販のものを代用できますが、デグーが転げ回っても十分な大きさの物を選びましょう。

プラスチック製の容器はデグーが壊す可能性もあるため、注意が必要です。

砂の種類

砂浴びに使用する砂にはデグー用やチンチラ用、その他小動物用のものがあります。

個体によって好む砂が異なりますが、頻繁に砂の種類を変えてしまうと砂浴びをしなくなってしまうこともあるため、注意する必要があります。

なお、公園や海辺にある砂などは、衛生面で問題があります。公共の砂は使用せずに、市販の砂を購入しましょう。

砂浴びをしている

注意 砂を食べてしまうデグーもいる

個体によっては、砂を食べてしまうデグーもいるので注意が必要です。

デグーを飼い始めたばかりの時期は、砂浴びをしている状態をよく観察するようにして、砂浴びを終えたら砂を食べないように、すぐに容器を取り出す必要があります。

砂を食べると腸につまってしまう恐れがあるので、注意しましょう。

砂を食べてしまうデグーには、他の砂に変更してみてください。

バス・サンドのような細かいサラサラな砂を選ぶと砂をつかめず食べるのが難しくなるのでおすすめです。

デグー専用の砂を使用する必要はありませんが、トイレ砂のような濡れると固まってしまうタイプは、口に入ると危険なので避けましょう。ちなみに、砂浴びの容器に入れる砂の量は深さ２～3cm が一般的です。

ポイント 22

飼育のポイント

ケージ内のチェックは毎日怠らずにしよう

飼い主にとってケージ内のチェックは大切な日課です。毎日怠ることなく行いましょう。

食べ残しがないかを確認

食事を与えた時に、すぐに食事を食べ始めたら食欲があり健康な証拠です。

食器を下げる時にも食べ残しがないか、嘔吐をしていないかなどをしっかり確認し、デグーの健康管理を行いましょう。

給水ボトルの変化を観察

給水ボトルやお皿には毎日同じ量の水を入れて、変化をこまめにチェックしましょう。

季節や気温による変化もありますが、飲む水の量が以前よりも多くなった場合は、糖尿病の疑いもあります。

排泄物をチェック

ケージの掃除を行う際に、尿の量やフンの色・形などに異変がないかを確認しましょう。

デグー自体のお尻が濡れている場合は、ウエットテール（下痢）の可能性が高いです。動物病院に連れて行って診察を受けることを考える必要があります。

体重測定を行う

できれば毎日決まった時間に体重測定を行いましょう。日々の健康管理や病気の早期発見などにも役立ちます。

体重が平均より重い場合は肥満の可能性がありますし、食事の量が変わらないのに体重が減る場合は不正咬合や糖尿病の疑いがあります。記録表を持って病院を訪れましょう。

記録表の例

日付　令和●年■月▲日

Name：

本日の体重：　　g

本日遊ばせた時間：午後●時～午後●時

<table>
<tr><th></th><th>主なチェック項目</th><th>種　類</th><th>量（g）</th></tr>
<tr><td rowspan="3">食べ物</td><td rowspan="2">主に与えたもの</td><td></td><td>g</td></tr>
<tr><td></td><td>g</td></tr>
<tr><td>おやつ</td><td></td><td>g</td></tr>
<tr><td rowspan="3">健康状態</td><td>様　子</td><td colspan="2">元気・元気がない</td></tr>
<tr><td>糞の状態</td><td colspan="2">正常・異常</td></tr>
<tr><td>気になること</td><td colspan="2"></td></tr>
</table>

対策

デグーの日々の健康を記録しよう

食事の量や種類、排泄物、世話の内容、元気があるかどうか、遊ばせた時間、見た目、体重、嘔吐するなどいつもと違う行動をしていないか、などを簡略した形でもいいので上記のように日々の記録としてつけておくとことをおすすめします。

長期間健康記録をつけることで、デグーの季節による体調の変化や病気のサインなどにも気がつきやすくなります。

また、動物病院に行った際に、獣医師が病気の兆候や原因に気がつきやすくなるという良い点もあります。

ポイント 23

飼育のポイント

幼年期は、触ったり、抱いたりしないようにしよう

生まれて間もない幼年期のデグーは、まだ安定していないため、病気にかかりやすく、ストレスを多く感じやすい時期です。

幼年期とは

デグーの幼年期は、誕生から4週間くらいまでの時期で、人間でいうと0歳〜3歳くらいの時期に該当します。

デグーの赤ちゃんは被毛が生えた状態で生まれます。生まれて3〜4日目で目が開いて、見えるようになります。

何かあれば鳴き声を頻繁に発し、外部に何かを伝えようとします。耳の穴も開いています。

誕生してすぐの頃

赤ちゃんデグーの体調は5cmほどで、体重は約15gです。

生まれて数時間後には歩き出すほど、自立する力が備わっていますが、体は未熟です。

可愛いからといって、触ったり、抱いたりしないようにしましょう。

生後1週間後

母親の母乳を飲みながら育つ大事な時期です。

体重は20gほどになり、走っ

たり飛び跳ねたり固形物をかじって遊んだりすることができるようになります。

生後2週間前後

体重は25gほどになり、消化器官が発達してお母さんデグーの母乳だけではなく牧草なども食べられるようになります。

なお、この頃になると、赤ちゃんデグーの母乳を飲む量が増えていくため、母デグーに与える食事も徐々に増やしましょう。

また、砂浴びも可能なタイミングなので徐々に慣らしていくといいでしょう。

母デグーの乳を飲む赤ちゃんデグー

注意 幼年期の子育ては母親に任せよう

母親と鳴き声を交わしながら、デグーの子供は育っていきます。

そのため、幼年期のデグーの成長に母親によるケアは欠かせません。

マウスやラットで、幼年期に母親になめてもらったりグルーミングしてもらったりしないと大人になっても不安傾向が強くなるという研究結果があります。

育児放棄をしてしまった場合を除いて、デグーの幼年期の子育ては母親デグーに任せることが大切です。

ただし、血縁関係のないメスのデグーは子供たちを攻撃するケースがあり、注意が必要です。その場合は、一緒のケージに入れないなど、できるだけ引き離す対策をとるようにしましょう。

ポイント 24

飼育のポイント

青年期は、メスは出産できる時期になるため、早すぎる交配には注意しよう

青年期には、メスは性成熟を迎えますが、繁殖が早すぎると体に負担がかかりますので注意しましょう。

青年期とは

生後4週間～6ヵ月くらいまでで、人間でいうと4歳～16歳頃の時期にあたります。

生後6～7週で近親交配を避けるために親から離し、メスとオスを分ける必要があります。

オスと父デグーのケージを一緒にする場合は個体にもよりますが、ケンカになってしまう可能性もあるので、よく観察しながら同居をさせましょう。

生後1ヶ月経つと

体重は60ｇほどになり、親デグーのマネをしてエサを食べるようになったり、給水器から水が飲めるようになります。

この時期になると体も大きくなり、よく遊ぶようになります。

離乳のタイミング

成長の早い個体は生後1ヵ月で離乳を始めるタイミングとな

り、生後6週間後には、ほぼ完全に離乳します。

母デグーの疲労が激しい場合は様子を見ながら、早めに離乳することをおすすめします。

メスのデグーが子供を産める年齢に

生後6～7週をすぎるとメスが性成熟し、子供を産めるタイミングとなります。

しかし、若いデグーの早すぎる繁殖は体に負担がかかるので、おすすめしません。

デグーの体が成長してから繁殖を行いましょう。

体も大きくなり、よく遊ぶようになる青年期のデグー。オスと父デグーを一緒のケージに入れる場合は注意が必要

対策

お迎えしたデグーのメスが妊娠していたら

離乳する前のデグーは食事の世話や温度管理が難しいので、生後6週目～1ヶ月の完全に離乳した年齢の青年期のデグーをお迎えするのがおすすめです。

ただし、青年期のメスのデグーを新たにお迎えしたあとに、まれに妊娠していたことがわかるケースがあります。

想定外の出来事なので、その場合ペットショップなどに返すこともできます。

しかし、もし可能であれば、そのまま子供たちを育てたり新しい飼い主を探してみたりしてあげてください。

ポイント 25

飼育のポイント

壮年期は最も活発な時期になるため、しっかり遊んであげよう

壮年期は活発に活動する時期で、メスは繁殖に最も適した時期です。それだけに、飼い主には注意しなければならないことが多くあります。

壮年期とは

生後6ヵ月～4年くらいまでの時期をいいます。

デグーは生後1年で、人間の20歳頃に相当します。

大人の体に成長し好奇心を持って動き回り、個性も強く出てくる時期です。

走り回ってケガをしないように、ケージ内のレイアウトの見直しをしましょう。

生後6ヶ月で大人の体に近づく

体重は200gほどになり、すっかり大人のデグーの仲間入りになります。

よく鳴き、積極的にコミュニュケーションをとります。

この時期に、ほかのオスのデグーとの出会いがあり、発情、妊娠、出産を経験するメスのデグーもいます。

メスの初産に最適な時期

デグーの成長が終わる生後1

年が、メスの初産に最適な時期。

妊娠すると体重が徐々に増え、出産の2〜3週間前くらいからお腹の大きさが目立つようになり、洋ナシ型の体型になります。

動物病院で、エコー写真を撮ってもらうこともできます。

生後1年で大きな個体だと300gに

大きな個体は体重300gになり、すっかり大人に。

活発になる時期なので、1匹で飼育している子はしっかり遊んであげましょう。

回し車などを設置して、運動できる環境を整えてください。

活発に動き回り、個性も出てくる壮年期のデグー

注意 デグーのペット保険やペット貯金

動物病院で手術や入院をする場合、数万円かかることがあります。

家庭によってデグーへの医療費にどれくらいかけられるかは、それぞれの事情で異なりますが、万が一の時のためにペット保険に加入するか、自主的にペット貯金を始めることをおすすめします。

以前はデグー向けのペット保険はありませんでしたが、最近では、デグーをはじめとしたリスやハリネズミなどのエキゾチックアニマル向けの保険も増えてきています。

ただし、加入できる年齢の条件が決められていることも多いので、よく規約の内容を確認して検討しましょう。

ポイント26

飼育のポイント

老年期のデグーには、今まで以上にケガに気をつけよう

老年期のデグーには、その前の壮年期とはまた違った配慮が必要となります。その時期に合わせた環境づくりをしましょう。

老年期に入ると、体の衰えが顕著にあらわれますので、健康管理や室内の温度管理、食事の見直しを行う必要があります。

老年期とは

生後4年くらいをすぎると、デグーは老年期に入ります。

ちなみに、デグーの年齢の目安として、生後1年をすぎると次からの1年間で人間でいう10歳年をとるようになります。つまり、2歳で30歳、3歳で40歳くらいというように。

4歳で老化現象があらわれる個体も

4歳で人間でいう50歳くらいに該当します。

老年期のデグーは壮年期に比べて、毛並みが薄くなり、毛のツヤもなくなっていく

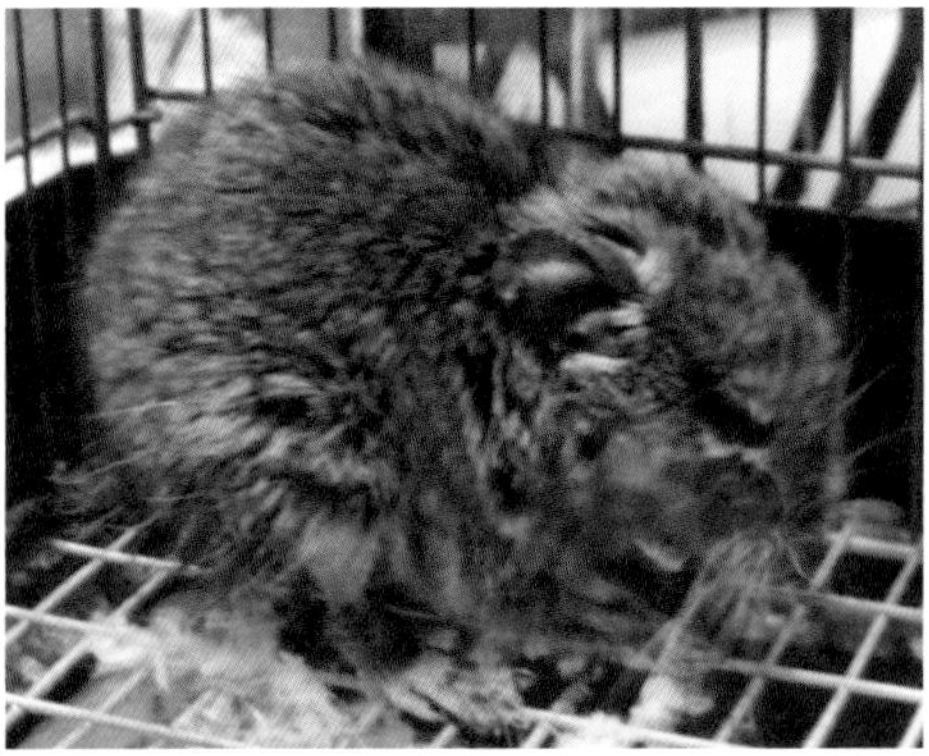

個体差はありますが、この時期から嗅覚、視覚などの五感や行動が鈍くなるなど、人間でいうところの「老化現象」が始まるデグーもいます。

特に、メスにおいてこの時期の繁殖は、体に負担がかかりすぎるために危険なので避けるようにしましょう。

7歳で高齢に

7歳で人間でいう80歳くらいに該当します。高齢になり、すっかり繁殖能力もなくなります。

噛む力が弱くなってくるので牧草を食べられるようならばそのまま与えて、硬いペレットはふやかすようにしましょう。

老年期のデグーに合わせた環境を

運動能力が落ち、遊ぶ時間が減るデグーもいます。

レイアウトを変更して渡り木の数を増やして段差を減らしたり、落ちた時にケガをしないように、たっぷりと牧草を敷いたりと工夫をしましょう。老化は個体差にもよるので、デグーの個性に合わせたシニアライフが送れるように、しっかりとサポートしてあげましょう。

対策 様子をみながら食事の見直しを

デグーが高齢で肥満になってしまったらペレットを減らして牧草を増やしましょう。

逆に痩せてきたら高タンパクなペレットを与えたり量を増やしたりなどしてデグーに合わせて臨機応変に対応しましょう。

歯で噛むことが難しい場合や病気の時は、ペレットをふやかしたり柔らかい牧草を与えたりしましょう。

急に食事内容を変えてしまうとストレスになってしまうので、様子をみながら少しずつ変化させてください。飲み水もきちんと飲めているのかしっかりチェックをしましょう。

デグーに糖質や脂質を与えてはいけない?!

フィールドガーデン町田多摩境店の看板デグー・マーガレット。女の子のような名前ですが実はオス。しっぽが曲がっているのでマーガレットという名前が名付けられました。

マーガレットは11歳になりました。現在も歩けますが、毛が剥げて、やせてガリガリな状態で人間でいうと腰の曲がったおじいちゃんのような見た目になりました。

しかし、食欲だけはあります。実は、マーガレットをはじめ、フィールドガーデンにいるデグーたちは、牧草やペレット、とうもろこし、大麦、麻の実、マイロ、ひまわりの種などをオリジナルに調合した栄養価の高い「デグめし」を食べています。

さて、デグーに糖質や脂質が高いエサを与えると糖尿病や脂質異常症などの病気になってしまうのでは?　という声があります。

しかし、2017年にペット栄養学会によって発表された「デグーの高嗜好性食物の検討と食後血糖値への影響」という論文によると、高栄養補給として糖質が高い食事がデグーの体にすぐに悪影響を及ぼす可能性が低いと示唆されたことが明らかになりました。

論文には、健康なデグーのオスとメス3匹ずつを用意して、デグーの嗜好性食物（ペレット、チモシー、乾燥パイン、ひまわりの種）が血糖値にどう影響するかという臨床的な実験を行ったということが掲載されています。

実験でデグーの17時間絶食後に嗜好性食物を与え、血糖値を調べたところ、血糖値は高糖質食（乾燥パイン）が最もピーク値が高く、高脂質食（ひまわりの種）が最も低いということがわかりました。

嗜好性食物を与えた後の血糖値は、いずれも生理的変動の範囲内の数値で、150分以内には空腹時の通常血糖値付近に戻るという研究結果になりました。

もちろん、糖質の高い食べ物のみを長期的に常用食として与えてしまうのは、肥満や病気の原因につながるので避けた方が得策でしょう。

しかし実験結果から、デグーに糖質がある食べ物を与えることは、必ずしも健康に害を与えるものではない、ということがわかりました。

また、高脂肪食なひまわりの種を摂取しても、血糖値の上昇は低いということが確認されました。

ちなみに、この論文では同時にデグーの嗜好性が高い（好きな）食べ物を調査するという実験も行われました。

その結果、17時間絶食後に摂取量が最も高かった食べ物は高脂肪食のひまわりの種で、次に高糖質食である乾燥パイン、高繊維食であるチモシー、ペレットと続きました。

※上記の論文やエピソードは、あくまでも一つの研究結果や事例として捉えてください。デグーはエキゾチックアニマルとしての歴史が浅く、現在も継続的に研究を行っており、未だに明らかになっていない部分も多いです。

参考

出典:「高嗜好性食物の検討と食後血糖値への影響」
https://www.jstage.jst.go.jp/article/jpan/20/1/20_7/_pdf

第3章

デグーの飼い方・住む環境を見直そう

~飼い方・住む環境を見直すポイント~

ポイント 27

飼い方・住む環境の見直し

もっとデグーと仲良くなるために無理のないコミュニケーションをとろう

デグーの感情を読んで、決して無理のないコミュニケーションを心がけましょう。

個性を理解してデグーと仲良くなろう

デグーには個体差がある

デグーは群れで行動する動物なので、コミュニケーション能力が高く、好奇心旺盛で頭の良い動物とされています。しかも、人にもよく懐きます。

しかし個体差があり、すぐには新しい環境や人に慣れないデグーもいます。

はじめてお迎えしたデグーは、その様子をよく観察しながら、時間をかけて少しずつ新しい環境や飼い主に慣れさせていくようにしましょう。

抱き上げられるデグー。落ちないように、飼い主の手は自身のお腹につけよう

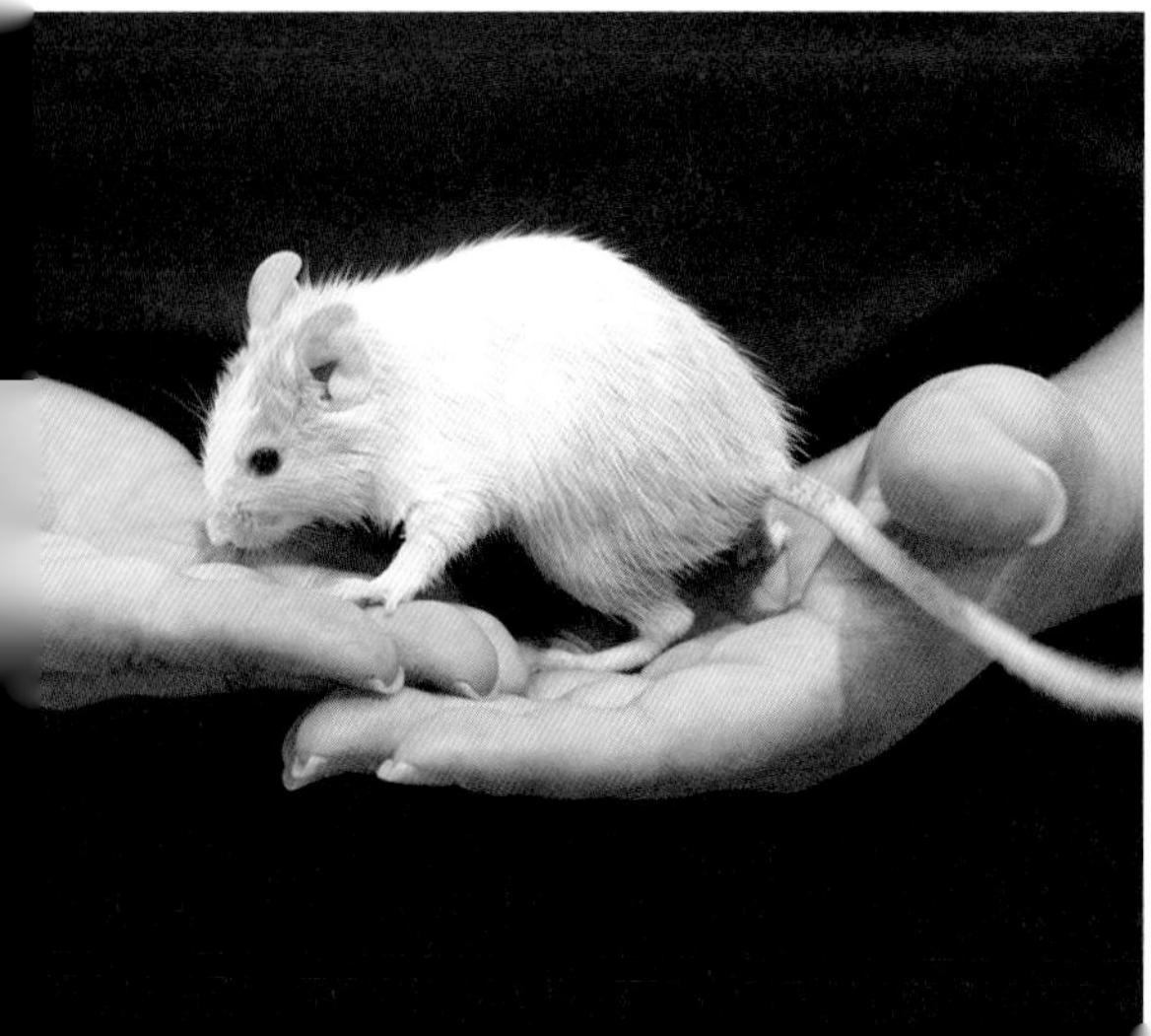

飼育環境に慣れてくると鳴き声で飼い主とコミュニケーションをとるようになります。

鳴き声やボディランゲージが何を伝えているのか、よく意味を理解して、デグーと仲良くなるようにしていきましょう（ポイント37・38参照）。

抱き上げて健康チェックをしよう

デグーは、抱き上げられることが嫌いではありません。

環境や飼い主に慣れたら、優しく抱き上げてあげましょう。そうすることで、デグーとのコミュニケーションを育み、同時に脱毛がないかなど健康状態を確認することができます。

デグーを怖がらせないようにしよう

今後長くデグーと仲良くしていきたいのなら、嫌がっているのに無理やり抱き上げたり、デグーのそばで大きな物音や振動を出したりしないようにしましょう。デグーが怖がって警戒心を抱き、懐きにくくなってしまいます。根気強くコミュニケーションをとって、愛情を持って接していくことが大切です。

注意　慣れてきたデグーを外で散歩させる際の注意点

デグーが人や環境に慣れてきたら、ケージの外に出して散歩をさせましょう。

ケージに出す時に無理に捕まえようとしたり追いかけたりすると怖いという記憶を植えこんでしまうので、気をつけてください。

また、飼い主が緊張状態にあるとデグーも警戒してしまいます。穏やかなリラックスした状態でデグーに接しましょう。

デグーが人や環境に慣れていない時にケージから外に出す必要がある場合は、直接デグーをつかまずに小さいプラケースなどを利用しましょう。

飼い方・住む環境の見直し

上手な抱き上げ方をしよう

飼い主とデグーとの良い関係を保つには、デグーにストレスを与えない抱き上げ方をしましょう。

上手に抱き上げて、デグーのストレスの原因を減らそう

デグーは狭い場所を好むので抱き上げられることは嫌ではありません。デグーが快適な生活が送れるように、上手な抱き方を覚えましょう。

また、デグーが動きを制限されることが嫌なことではないことを理解すれば、上手に抱き上げることによって、デグーのストレスの原因を減らせます。

前からゆっくり抱き上げる

まず、びっくりされないように前からそっと近づいて、左右から両手で優しくすくうように抱き上げましょう。

デグーにとって、頭上や背後から抱き上げることは天敵から捕獲されるようなものなので、慣れるまでは絶対にやらないようにしましょう。

両手で包み込むように抱き上げる

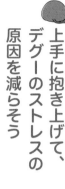

デグーを抱き上げたら片手を背中から覆い、両手をそえます。

この時に力を入れないで、優しく包み込むようにしましょう。

慣れてきたら手を怖がらなくなり、眠ったり毛づくろいをしたりとリラックスするようになり、手が好きになります。

座ってデグーを抱き上げよう

まだ人に慣れていない時に、立った状態で抱き上げると手から逃げ出そうとしてしまいます。

何かに驚いた時は、とっさに飼い主の手を噛み、その拍子で落下してしまうこともあるため注意が必要です。

ケガや事故を防ぐためにも、座った状態で抱き上げましょう。

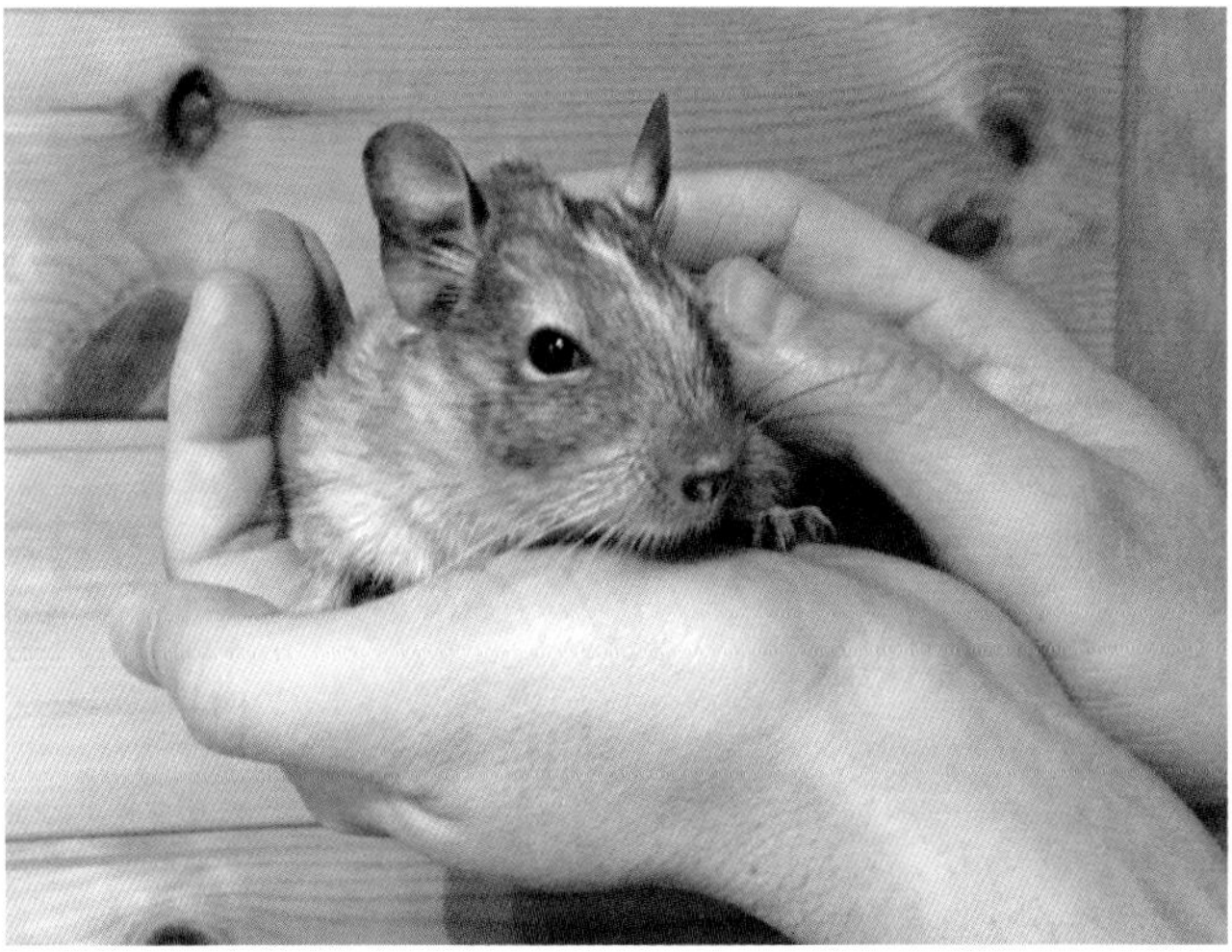

両手をそえて、力を入れないで優しく包み込むように

注意 危険な持ち方

デグーのしっぽを強くつかむと、途中で切れてしまう可能性があります。

しっぽは、切れてしまうと再生することはありませんので注意しましょう。

場合によっては、切れた部位から皮膚がはがれてしまい、骨と皮下組織がむき出しになってしまうこともあります。

デグーがまだ飼い主に慣れていない場合は、タオルや軍手を使うと比較的手に恐怖心を持たなくなるのでおすすめです。

ポイント29

飼い方・住む環境の見直し

毎日のケージ掃除のコツを知ろう

デグーを病気から守るためにも、毎日ケージの清掃を行い、生活環境を清潔に保ちましょう。

毎日行う掃除

不衛生な環境で過ごすと、病気になる危険性が高くなります。

健康のために、ケージ内のステージ、受け皿を水やお湯で絞った布で毎日簡単にふきましょう。

大切な点としては、食器の中の前日の食べ残しや巣箱の中の野菜などの食べ残しがあれば捨て、ケージ内にある排泄物や汚れを取り除くことです。

飼い主がその作業に慣れてしまえば、毎日5分程度で掃除を終わらせることができるようになるでしょう。

チモシーの補充

掃除を行う際に、デグーの主食であるチモシーを補充します。

デグーがいつでも食べられるように牧草ホルダーなどを使用し、たくさん入れてあげましょう。

砂浴び容器の掃除

1週間に1回新しい砂と交換しましょう。砂浴び容器も同じタイミングで洗浄してください。

毎日行うケージ清掃の手順

ケージの中からエサの入った食器をはずして清掃する

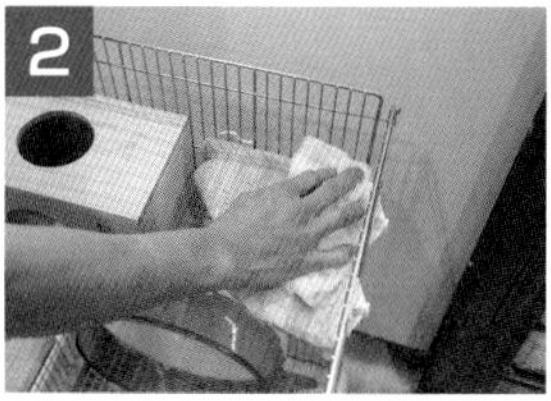

ケージの金網を外側と内側から水ぶきする

巣箱の外側を水ぶきする

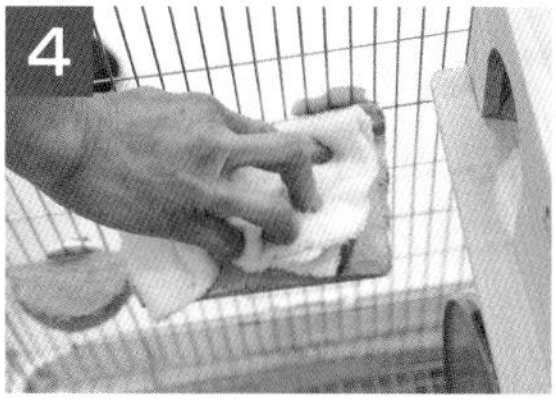

ステージを水ぶきする

回し車の中と外を水ぶきする

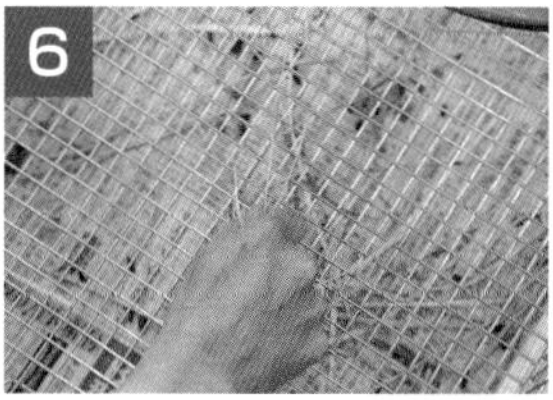

下が網状のケージは網を取り出して清掃

ケージの中からエサの入った底にたまった排出物、食べ残しなども引き出して取り除いて清掃

新たにきれいな紙（新聞紙が一般的）を敷いてケージに収納する

注意

掃除の際に注意したいポイント

食器は、毎回洗剤が残らないようにしっかり洗いましょう。洗剤はデグーの安全のためにも、自然素材 100% のものを薄めて使用することをおすすめします。

給水ボトルは中までよくゆすぎ、水アカがないようにしましょう。

特に、ステージはデグーのお気に入りの場所なので、汚れが目立ちます。

排泄物やゴミを取り除いて、毎日しぼった布で軽くふきましょう。

巣箱やステージは、お湯で洗うとノリがはがれてバラバラになってしまうこともあるので、水洗いにしましょう。

かじり木やハンモック、回し車などは汚れが気になったら、こまめに掃除をすることをおすすめします。

ポイント
30

飼い方・住む環境の見直し

人の出入りの多い場所やTVの近くにはケージを置かないようにしよう

デグーが快適に暮らしていくためには、ケージの置き場にも注意しましょう。

直射日光があたらない場所

日中は明るい日差しが入ってきて、夜は暗くなる場所にケージを置くことで、デグーの生活リズムが安定します。

ただし、アクリルケージは特に直射日光が当たる場所を避けて、窓から1mほど離れた場所に置きましょう。

新鮮な空気が吸える場所

清潔で、新鮮な空気が吸える場所にケージを設置しましょう。

デグーのケージがある部屋で、殺虫剤やマニキュア、ヘアスプレーの使用やタバコの喫煙は避けるようにしてください。

1mくらいの高さに置く

床は思っている以上に気温の寒暖差があり、歩いた時に埃が舞い上がり、振動も響きます。

床に直接ケージを置くのではなく、1mくらいの高さに設置することが望ましいです。

人の出入りが多い場所やTVの近くは避ける

人の出入りが多い玄関や部屋の入り口付近や騒がしい音がするTVの近くにはケージを置かないようにしましょう。

また、エアコンの送風が直接当たったり、日光が直接当たったりするところも避けましょう。

特に一匹のみで飼育している場合は、静かな場所で、かつ、なるべく飼い主のそばに置いてデグーが寂しくならないように、一方の飼い主にとってはデグーの世話がしやすい場所にケージを置きましょう。

ケージを置くのにNGな場所

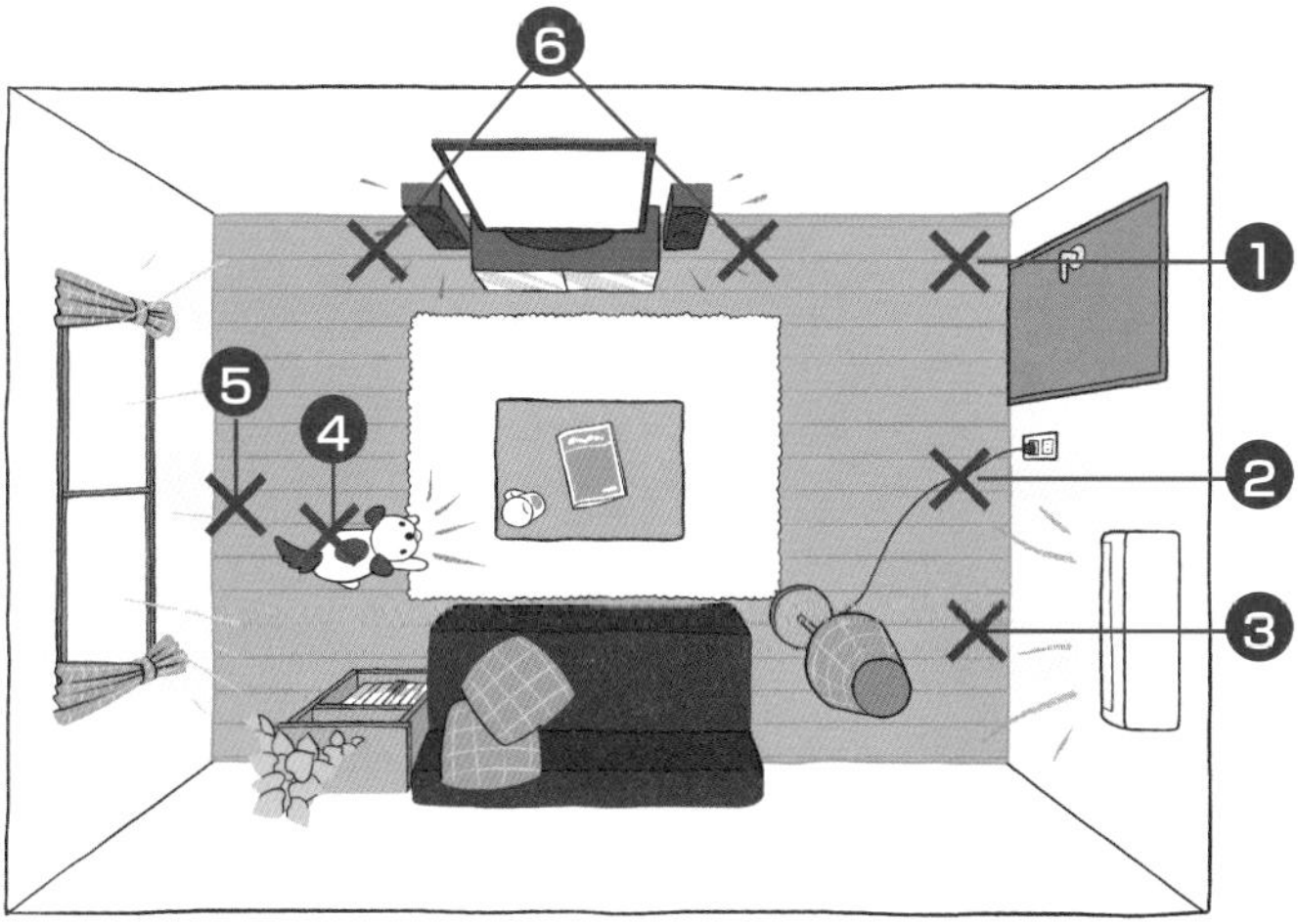

①部屋の出入り口などの人の出入りが頻繁なところ

②コンセントがケージに接触したり、ケージがコードを踏んでしまうところ

③エアコンの送風が直接当たるところ

④ほかの動物と一緒の部屋

⑤日光が直接当たるところ

⑥テレビや音楽プレーヤーなど音がうるさいところ

対策

ケージはきちんと温度調整や湿度管理ができる場所に置こう

ケージは温度調整や湿度管理ができるエアコンがある部屋に置き、風が直接当たらない位置を選びます。

エアコンの設定温度とケージの温度が異なる場合があります。温度計や湿度計をケージの近くに置いて、デグーが快適に暮らせるように室内環境を整えましょう。

また、犬や猫がいる場合はできる限りそれぞれ部屋を分けるなどして、接触することのないように気を配りましょう。

ポイント31

お留守番

一時的に世話ができなくなった時の対処法を心得ておこう

一人住まいの飼い主が、何かの事情で一時的にデグーの世話ができなくなった時の対処法を心得ておきましょう。

1～2泊であれば、デグーだけで留守番可能

1～2泊であれば、デグーだけで留守番可能です。

その場合は、予定日数分より多めの主食（チモシーなどの牧草）を用意し、給水ボトルは2つ取り付けておきましょう。

また、かじれるおもちゃを用意し、留守番前日にケージ内に脱走する隙間がないか、ケガをしそうな場所がないかをよく確認してください。

ペットホテルに預ける

デグーを一時的にペットホテルに預ける方法もあります。

2本の給水ボトルがケージにかかっているところ

事前にデグーを預かってもらえるか、予約が空いているかなどを確認し、預ける時に予定日数分の食事を持参します。

預ける際に注意点がある場合は、必ずペットホテルの方に伝えておきましょう。

家族や友人にお願いする

留守番時に家族や友人に家に来てもらいデグーの世話をお願いする方法や、その方たちの自宅などで預かってもらうという方法もあります。

温度管理や食事の量、起床時間・就寝時間を記載したメモなどを渡しておくといいでしょう。

ペットシッターに来てもらう

お世話をしに来てくれるペットシッターにお願いする方法も検討しましょう。

事前に世話の仕方やデグーの性格などをしっかりと伝えて、打ち合わせをしてください。

なお、ペットホテルやペットシッターにお願いした後でキャンセルをすると、キャンセル料金がかかる場合もあるので、契約内容を確認しておきましょう。

注意 留守番時にどうするのかを事前に考えておこう

旅行や出張の予定ができて自宅を留守にする時に、デグーをどうするのかを早めに考えて準備をしましょう。

デグーだけで留守番をさせる場合は、相性の悪いデグーを同居させたり、お試し同居させたりなどはしないでください。

不安がある場合は、誰かに様子を見に来てもらえるようにお願いしておきましょう。

また、家族や知人に預かってもらう場合は、事前に犬や猫などを飼っていないかなどを確認してください。

ペットホテルに預ける場合は年齢の制限があることもあるので、事前にしっかりチェックしておきましょう。

ポイント 32

四季に合わせた環境づくり

春は気温の寒暖差とダニの繁殖に気をつけよう

春の時期は、昼夜の寒暖差をできるだけなくすとともに、ダニが発生しやすいために、万が一のダニ被害に注意しましょう。

温度変化の少ない場所にケージを置こう

3月～4月は日中はぽかぽかと暖かいですが、夜はまだ冷え込んで寒い時期です。

寒暖差が激しいため、温度変化の比較的少ない場所にケージを置いて、しっかり温度管理を行うことが大切です。

ダニに注意

春はダニが増える季節です。

デグーは砂浴びをすることでダニを落とすので、ダニ対策をしなくても大丈夫という意見もありますが、ダニのトラブルにかからないわけではありません。

ダニを見つけたら、動物病院に行って獣医師にきちんと診療してもらいましょう。

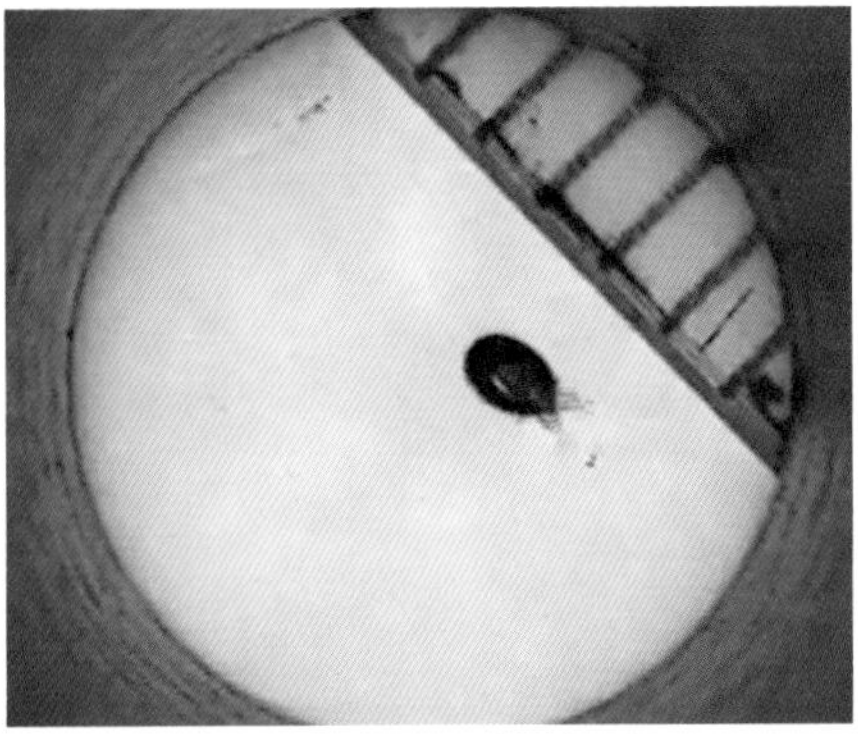

6年飼育のデグーで、大量のダニが寄生していた！
出典：篠原動物病院のfacebookページより
https://www.facebook.com/Shinohara.Animal.Hospital

ポイント 33

四季に合わせた環境づくり

夏は衛生面や冷やしすぎに気をつけよう

夏の時期は、衛生面やデグーの熱中症予防に気を配ることは大切なことですが、逆に冷やしすぎないように注意しましょう。

梅雨の季節

湿度が上がるので、衛生面に気をつけましょう。

床材の交換を頻繁に行い、カビが生えないようにしましょう。また、数日経過した野菜や果物などが、そのまま食器や巣箱に残っているとカビたり腐ったりしますので注意しましょう。

扇風機や冷却マットを設置

熱中症対策に扇風機やケージ内に冷却マットを置きましょう。

保冷剤や氷（凍らせたペットボトルでもOK）を置く場合は、容器に入れるか厚手の布で巻くなど、デグーが直接触らないように工夫をしましょう。

夏の寒さ対策

夏にエアコンをつけっぱなしにして部屋の温度が下がりすぎてしまい、デグーの体を冷やしてしまうことがあります。

そんな時のためにケージ内にフリース等を置き、暖かくできる場所をつくってあげましょう。

ポイント34

四季に合わせた環境づくり

秋は冬に向けての保温対策の準備をしよう

秋は冬の寒さに向けての準備期間となりますが、デグーにとっても食欲の秋です。食べさせすぎに注意しましょう。

新鮮な1番刈りの牧草が販売

秋は、春から夏に刈り取られた新鮮なチモシーの1番刈りが販売される時期です。

香り高い1番刈りは大人のデグーの大好物です。

低タンパク・低カロリーで栄養価も高いです。また、茎が硬いので歯ごたえがあり、不正咬合の予防にもなります。

秋は肥満に気をつけよう

秋になるとデグーは冬に向けて脂肪を蓄えやすい体になり、モリモリと食欲が湧きます。

野生下では冬になると食べられる牧草が減りますが、飼育下のデグーは安定した食事を与えることができます。

そのため、十分すぎる栄養を摂ることができ、ともすると肥満になりやすくなるので、この時期はエサを必要以上に与えないようにして、おやつもなるべく控えて、体重管理をしっかり行いましょう。

冬に向けての保温対策

日中と夜とで、寒暖差が激しくなる時期です。

室内の温度管理をしっかり行い、冬に向けてペットヒーターや小動物用の保温電球（カバー付き）、フリースを置くなど、保温対策をとりましょう。

デグーが最適と感じる温度は個体によって異なります。

各々の成長段階や健康状態に合わせて、日頃からデグーの様子などをよく観察して、その個体に合った暖かく安心して過ごすことのできる環境をつくってあげましょう。

エサかごに盛られた1番刈りチモシーを食べている少し太めのデグー

対策

換毛期対策も考えよう

秋から冬にかけて防寒に適した、比較的長い冬毛に生え変わります。

夏毛と冬毛の間に線が入ったように見えたら、換毛期の合図です。

この時期にケージから出して部屋で散歩させると、床にたくさん毛が落ちることがあります。病気だから毛が抜けているのではありませんので安心してください。また、毛の密度が減るので、冷え込みに注意して保温対策をとりましょう。

ポイント35

四季に合わせた環境づくり

冬は乾燥と温めすぎに注意しよう

冬、暖かな環境をつくることはもちろんなことですが、乾燥や温めすぎに注意しましょう。

ケージはなるべく暖かい場所に

防寒対策として窓の近くや隙間風が入ってこない、なるべく温かい場所にケージを設置するようにしましょう。

また、暖気を逃さないようにケージのまわりを布で囲ったりペット用の暖房器具を設置したりなど、暖かくするためのひと工夫をしましょう。

乾燥に注意

冬は室内が乾燥し、暖房を使うと湿度が余計に下がります。加湿器を置いたり濡れたタオルを干すなど、デグーの乾燥対策をとりましょう。湿度は50%前後が適切です。しっかり管理しましょう。

販売されている保温機器の利用

ペット用ヒーターの他にも電球型の小動物用の保温電球（カバー付き）が販売されています。ストーブのように暖まり、デ

グーが乗ったりかじったりしても安心なので、多くの飼い主に利用されています。

しかし、温度調整ができないのでケージ内の温度をこまめに確認するようにしましょう。

暖めすぎは禁物

ケージ内の一ヶ所を過度に暖めすぎてしまうと低温やけどを起こしてしまう危険性があるので気をつけてください。

ペットヒーターをケージの半分だけを暖めるように設置するなど、デグーの逃げ場をつくってあげましょう。

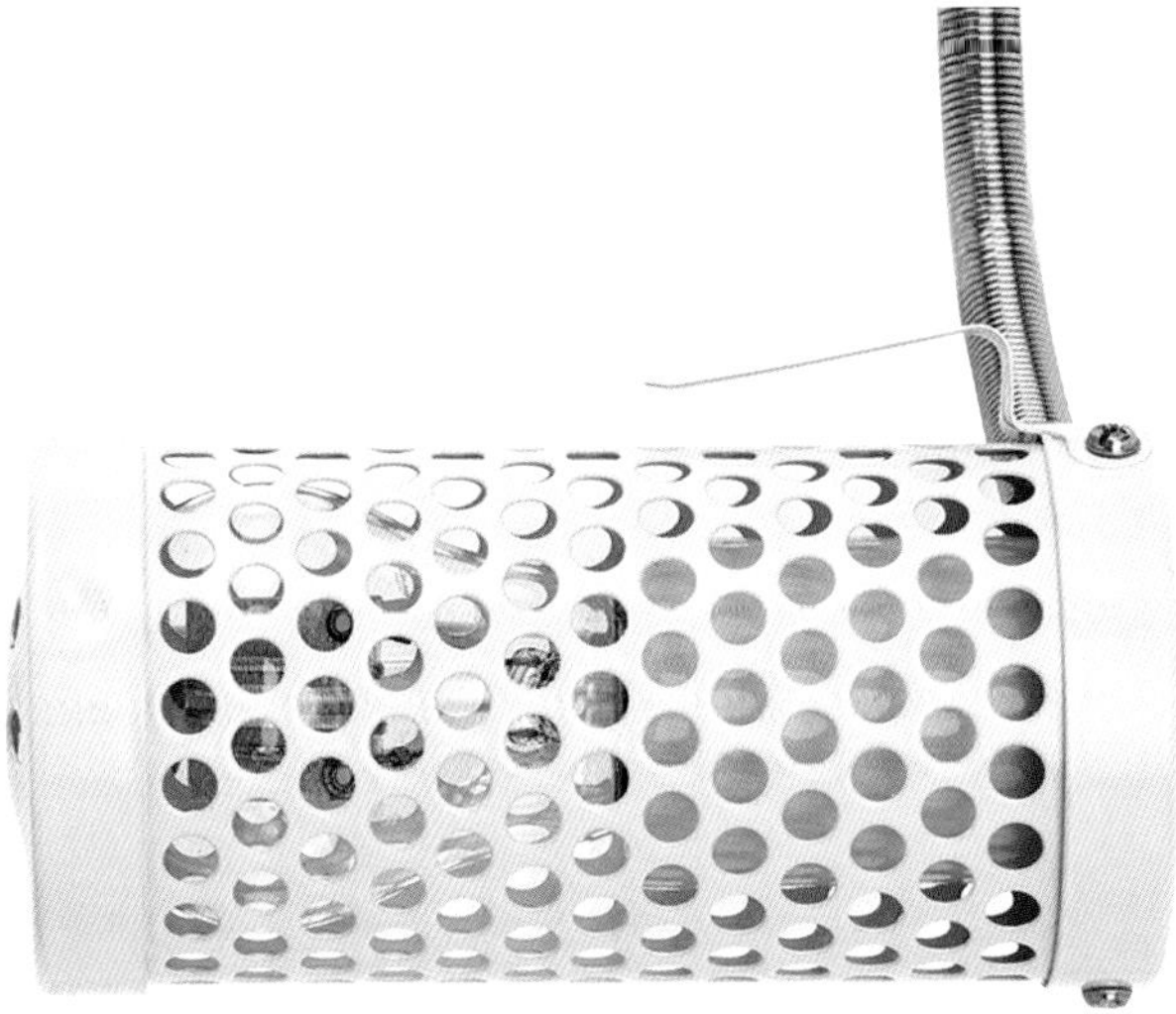

立てても横にしても使える保温電球（カバー付き）。温度調整はできないので注意しよう

注意 ケージにフリースをかける場合

寒さ対策にフリースをケージにかける場合、熱すぎたり空気がこもったりすることを防ぐためにケージの前面を覆わずに、空気の抜け道をつくりましょう。

冬にケージ内にフリースを入れる場合は防寒対策になりますが、飼っているデグーが布をかじる場合は誤飲してしまう危険性があるので、使用しないでください。

デグーがうつを改善してくれた!
～うつ病と幸せホルモン「オキシトシン」～

息子さんがうつ病を患っているというご家族から、デグーを飼ったところ病気が改善したという報告がありました。

デグーは可愛がれば可愛がるほど、愛情を返してくれます。

そのご家族の息子さんは、いつしか率先してデグーの世話をするようになりました。

すでに成人していて、対人恐怖症気味で自宅に引きこもりがちでしたが、なんと自らデグーのエサやおやつを買いに外出できるまでになりました。

そのことをお父さんが泣きながら、フィールドガーデンに報告しに来てくれたのです。

このように動物を飼うことで癒されて、家族のうつ病が改善される事例は世界的にも多いです。

デグーの寒い時に集団でお団子のように固まる愛らしい様子や、飼い主に甘えてくっついてくる可愛らしい姿に癒されることも多いでしょう。

人と人とのスキンシップや簡単なボディタッチで分泌されるというホルモン「オキシトシン」が、人と動物が接触したときにも作用するという研究があります。

哺乳類は、群れの弱者を守り、仲間の存在によりストレスを軽減させる親和的システムを発達させました。

その一つのシステムがオキシトシン。

オキシトシンは、通称「幸せホルモン」と呼ばれています。

オキシトシンの働きはさまざまですが、例えば、赤ちゃんがおっぱいを飲む際に母乳がよく出るように作用します。さらに、群れのメンバーを認識する能力が活性化したり、仲間意識を高めたりする働きが認められています。

人と動物の視覚的コミュニケーションもオキシトシンの分泌を促進することが確認されています。

人は、動物を眺めたり撫でたりすることでストレスに強くなり、幸せな気持ちになるということが動物心理学の分野でも証明されているのです。

参考

出典:「オキシトシン神経系を中心とした母子間の絆形成システム」
https://www.jstage.jst.go.jp/article/janip/63/1/63_63.1.4/_pdf/-char/ja

第4章

デグーとのふれ合いを楽しもう

～お互いもっと楽しい時間を過ごすためのポイント～

ポイント36

鳴き声からデグーの感情を読み取ろう

デグーは自分の感情を鳴き声で伝えます。聴き分けられるようになれば、デグーとのコミュニケーションがさらに深まります。

アンデスの歌うネズミ

野生のデグーは群れで活動しているため、さまざまな鳴き声を使って仲間とコミュニケーションをとります。

アンデスの歌うネズミと称されるように、まるで歌を歌っているかのような可愛らしい鳴き声を発するのです。

鳴き声の特徴を覚えて、デグーが、今どのような状態なのかを理解しましょう。

穏やかな気分の時

嬉しい時や気持ち良い時は「ピプピプ」、リラックスをしている時は「ピッピ」と低く穏やかに鳴きます。そのようなデグーの可愛い鳴き声に癒される飼い主は多いです。

感情が高ぶっている時

かまってほしい時や食べ物を要求している時、怒っている時など感情が高ぶっている時は「キーキー」と警戒音のような高い鳴き声を発します。

求愛の鳴き声

求愛の時に出す複雑な音色の鳴き声は、別名ラブソングとも呼ばれています。

オスとメスが体を寄せ、匂いをかいでいる時に求愛のラブソングが聞こえます。

求愛の鳴き声は、個体によって異なります。

対策 デグーの鳴き声にどんな意味があるのか、よく観察してみよう

デグーの鳴き声は、15 ～ 20 種類ほどあるといわれています。

自分の飼っているデグーが何を伝えようとしているのか気になることもあるでしょう。

しかし、鳴き声を一概に特定することが難しい場合もあります。

例えば、デグーは警戒の鳴き声を出した時におやつをもらえると、おやつをねだる時に警戒の鳴き声を出すようになるのです。

デグーが自宅にいる時に、どんな状況でどのような鳴き声を出すのかなどをよく観察するようにしましょう。

デグーともっと楽しい時間を過ごすために

ボディランゲージや行動から デグーの感情を読み取ろう

デグーはボディランゲージからもその感情を読み取ることができます。その意味がわかれば、デグーとのコミュニケーションがさらに深まります。

元気よくジャンプ

デグーは遊びの行動の一貫として元気よくジャンプをします。ジャンプ力の高さに驚く方も多いかもしれません。

これは、天敵に見つかった時の逃げる訓練ともいわれています。これは、遊びの行動でもあり、天敵に見つかった時の逃げる訓練ともいわれています。

甘噛み

デグーはおやつをくれたり撫でてくれたりしたお礼やかまってほしい時に飼い主の手を甘噛みすることがあります。

甘噛みはデグーの愛情表現の一つです。

噛む力が強くなるようでしたら手を噛んだ瞬間に「痛い」と声に出して嫌がったりデグーの顔に息を吹きかけて手を噛むのは嫌な行為だと教えましょう。そうするとデグーは学習します。

後ろになってお尻を向ける

デグーが相手に背を向けてお尻を向ける行為は、美味しい食べ物を持っている時、他から横取りされて食べられないようにするための防衛行動です。

また、メスがオスに交尾を許すサインでもあります。

しっぽを動かす

相手に服従している時にしっぽを上げます。

興奮や警戒をしている時にしっぽを上げたり振ったり床を叩いたりして仲間に警戒するべきだと知らせています。

また、オスはメスへの求愛表現としてしっぽを振ります。

しっぽの動きには、さまざまな意味があるといわれています。

飼い主に甘噛みしている

注意 デグーが嫌なことをされた時にするボディランゲージ

デグーは怒っている時や恐怖心を感じた時、嫌なことをされた時に、強く噛むなどのボディーランゲージをします。

相手に恐怖心を感じた時は毛を逆立てたり歯をカチカチと鳴らしたりして威嚇します。

耳を倒してじっとしている動作はとても怖がっている証拠です。

この仕草の時に手を出すと噛み付くことがあるので、デグーが落ち着くまで辛抱強く待つことをおすすめします。

ゆっくり歯をこすり合わせている仕草はくつろいでいる証拠なのですが、強く歯をこすり合わせる動作は威嚇しているか、痛みがあるということを示しています。

デグーのボディランゲージや行動を理解して、今何を思っているのかなどの感情を上手く読み取り、デグーの気持ちを尊重しながらお世話をしましょう。

ポイント38

デグーは昼間に遊ばせよう

本来デグーが活発に動き回るのは昼間の時間帯です。遊ばせるのは、できるだけ昼間の時間帯にしましょう。

室内散歩（部屋んぽ）

デグーが新しい環境に慣れたら室内散歩（部屋んぽ）をして遊ばせましょう。

飼い主との良いコミュニケーションの時間になりますし、運動不足解消にもつながり、退屈が苦手で好奇心旺盛なデグーにとっての良い習慣になります。

なるべく毎日行う

一度ケージから出られることがわかると、デグーはケージから出たがるようになります。

ケージから出られないとストレスで金網かじりを始めてしまう個体もいます。

デグーのストレスを解消させるためにも、室内散歩（部屋んぽ）はなるべく毎日行いましょう。

時間帯や長さ

デグーが活発に動き回る昼の時間帯が好ましく、難しい場合は朝や夕方に行いましょう。

室内散歩の時間が長くなりすぎると排泄をしたり、ケージの中にいるのがストレスになって

しまいますので、時間はほどほどにしてください。

個体によって差があるので、デグーをよく観察しながら、目を離さずに見守れる時間はどのくらいかを計測しましょう。

かじられたくないものは届かない場所に

デグーにかじられたくないものは隠しておくか、届かない場所に置きましょう。

また、木製の家具の角や木の柱をかじることがあるので、かじられないようにコーナーガードなどを貼っておきましょう。

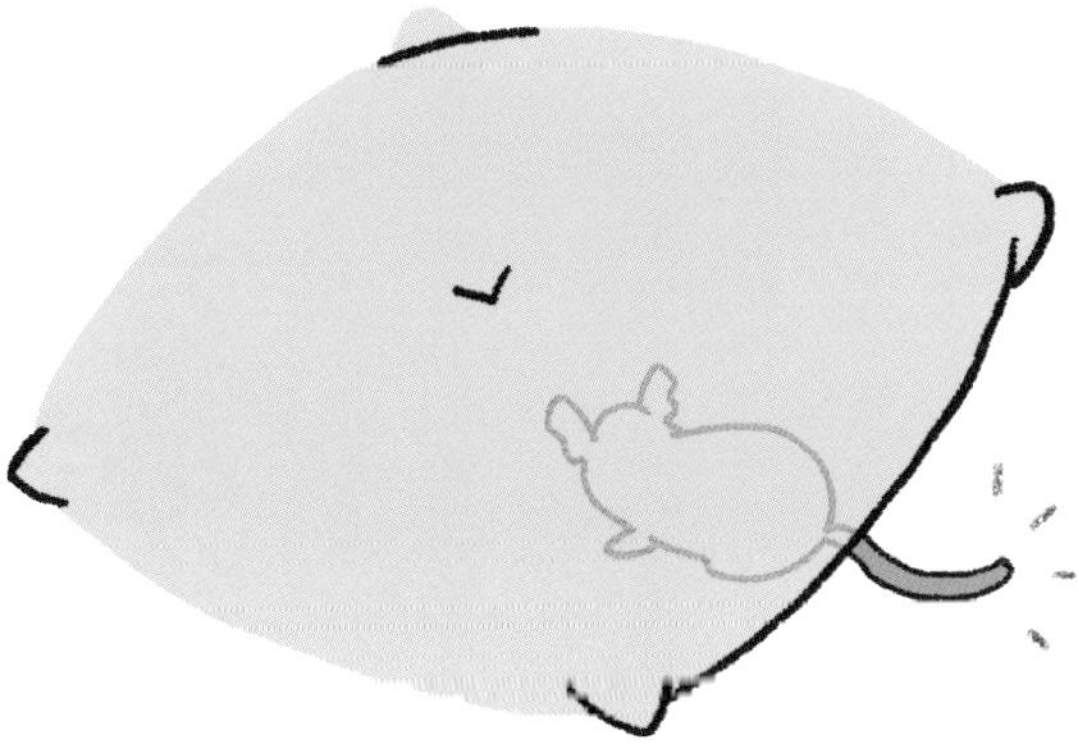

クッションの下にもぐり込んだデグー。気づかずに座ってしまわないように

注意 室内散歩をする時に注意したい点

デグーは、クッションや座布団、ラグ、マットの下にもぐり込もうとします。

気がつかずに踏んでしまう恐れがあるので、室内散歩の際にはデグーが今どこにいるのかをしっかり確認するようにしましょう。

ドアの開閉時に、うっかり挟んでしまうケースもありますので、注意が必要です。

また、狭い場所に入り込むのが好きなので、入り込まれたくない場所は塞ぎます。さらに、外に脱出する隙間がないか事前にチェックしておきましょう。

電気コードをかじってしまうと感電してしまう恐れがあるので、配線カバーでコードかじりを防止するようにしましょう。

配線カバーは100円均一やホームセンターで販売されています。

ただし、配線カバーもかじってしまう場合があるので、かじられていないかを定期的に点検する必要があります。ペットサークルを使うのも良いでしょう。

ポイント 39

デグーともっと楽しい時間を過ごすために

デグーに芸を教える前の大切なことを心得よう

デグーを楽しむことの一つに、芸を教えることができます。そうするためには、まずはお互いの信頼関係を築いてからにしましょう。

さまざまな芸ができるようになるデグー

デグーはとても頭の良い動物で、芸を教えることができます。飼い主としっかりとした信頼関係を築けるようになると、名前を呼んだり声をかけたりすれば返事をするようになり、自分から飼い主のポケットに入ったり、お手をしてくれたりするようになります。

この行動をうまく引き出すためには、動物の学習メカニズムを利用することがポイントです。つまり、ご褒美による条件づけを行うことです。

しかし、このメカニズムを単に利用して芸をさせるのを目的にしてはいけません。あくまで、

飼い主と仲良くなるための一種のコミュニケーションツールとして捉えましょう。

デグーがある程度大きくなって環境に慣れたら芸を教える

デグーの年齢が幼すぎる場合は、芸を教えても覚えてもらえません。ある程度デグーが成長してからにしましょう。

また、新しい環境にも慣れた段階で行うようにしましょう。

気が散らない場所で行う

集中できるように、気が散らない広い場所で芸を教えましょう。その方法として、デグーと飼い主の視線が合う膝の上などで、名前を呼んだり声をかけたりしながら行いましょう。

与えるおやつは一日のエサの量からあらかじめ引いておく

飼い主が気づかないまま「一日の食事の量＋おやつの量」のエサを与えてしまいます。これでは肥満になりかねません。与えるおやつは、一日のエサの量から引いておきましょう。

注意　条件づけで失敗しないように

飼い主がデグーのやってほしくない行為を正そうとして、間違ったデグーへのしつけをしてしまうことがあります。例えば、デグーのやってほしくない行為（ケージかじり、部屋んぽの際の家具や電気コードかじりなど）をやめさせようと、そこで気をそらすためにおやつを与えるといった行為です。これは逆効果になります。つまり、デグーにとっては、その行為のご褒美としておやつが与えられると勘違いし、その行為をますますやってしまうことになりかねません。くれぐれも注意しましょう。

ポイント 40

デグーに芸を教える際のステップを知っておこう

いきなり高度な芸を覚えさせようと思っても、飼い主の思い通りにはいきません。前のポイントで述べたように、信頼関係を構築したうえで、段階を追って覚えさせましょう。

名前を呼ぶ訓練から始める

名前を呼ぶ訓練から始めましょう。やり方としては、おやつ（そのデグーが一番好きな食べ物）を用意して、デグーの名前を呼びましょう。呼んだ時に寄ってきたらおやつをご褒美として与えます。これを繰り返して、デグーの身についたら、次の段階に進みます。

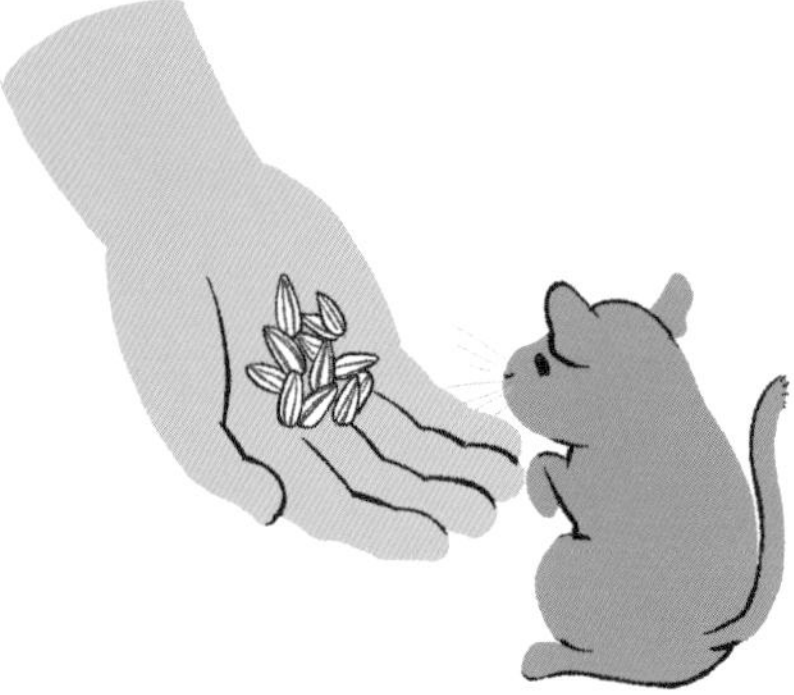

自分でお家（ケージ）に戻る

ケージに戻す時に必ず「ハウス

（自分のお家に戻ること）」と声をかけましょう。この言葉を繰り返すうちに、頭の良いデグーは、ハウス＝お家に戻ることと理解し、覚えてくれます。

自分から飼い主のポケットに入る

はじめはポケットにおやつを隠しておきます。そこに何度がデグーを入れることによって、そこにおやつがあると覚えさせればOKです。

お手をする

声をかけながら片方の前足を指に乗せます。その時にすぐにおやつを与え、それを何度か繰り返すことで、デグーはその行為を覚えます。

注意

デグーを絶対に怒らない

芸を教える際に、大声で怒ってしまうとデグーが恐怖心を感じてしまい、逆効果です。

飼い主にも懐かなくなってしまうので、たとえデグーが芸を覚えなくても、絶対に怒らないようにしましょう。

芸を教える時間の目安は最大３分です。

頭の良いデグーでも長時間芸を覚えさせると集中力が切れたり疲れてしまったりするので、気をつけましょう。

また、覚えるスピードも個体によって違うので、デグーの個性をしっかりと理解してあげることが大切です。

ポイント41

デグーを繁殖させるには

デグーを繁殖させる手順を知ろう

デグーを繁殖させるには、正しい手順で行うことが大事です。手順を守って繁殖させましょう。

オスとメスの同居の手引き

まずは、オスとメスのケージを隣り合わせにして、お互いの存在を認識させます。

1週間後に、双方が使用している床材や寝床、砂を交換してお互いの匂いに慣れるようにします。そうした行動を繰り返して、オスとメスどちらの縄張り以外の場所で会わせてみましょう。何度か繰り返して、毛づくろいをし合うなどしてきたら同居を開始します。

相性が良いかを確認する

相性が良く、その際にメスが

つがいのデグー

発情している場合は、同居の過程で、そのまま交尾してしまうこともあります。

ケンカになるようだったら離して、ケージを隣合わせにすることからやり直しをします。

ケンカを繰り返してしまう場合は、無理に繁殖させるのは危険ですので、やめましょう。

オスの求愛

メスとオスを一緒にするとオスはしっぽを振り、メスの匂いをかぎ、尿をかけるなどの求愛行動をとります。また、「ピルピルピル」と優しい鳴き声を発します。この鳴き声がデグーが「アンデスの歌うネズミ」といわれるゆえんなのです。

メスも優しく鳴いて求愛に応えますが、甲高い声を出して鳴いた場合は拒絶している証です。

交尾

交尾は短い時間で、あっという間に終わります。

オスは交尾を終えるとチッチッと何度も繰り返し鳴き、縄張りを主張します。

個体にもよりますが、交尾した証拠としてメスの体からは白くて透明な膣線が落ちます。

対策

繁殖可能かどうかを最初に見極める

デグーの体が弱っている時に妊娠や子育てをすると、体に負担がかかってしまうので、避けるように工夫をしましょう。

神経質で怖がりな個体は育児放棄する恐れがあり、繁殖に向いていない可能性もあるので、注意をしましょう。

また、体がしっかり成長していない若い個体が妊娠すると多く産み、体の弱い子が生まれやすくなるという情報があります。若すぎる個体の繁殖はおすすめしません。

繁殖は年に１回までが上限です。

オスは交尾できる限り繁殖ができるといわれていますが、メスは５～６歳までとされています（ただし、４歳をすぎたメスは無理にさせないほうが無難です）。

また、近親交配は体が弱い子や奇形の子が生まれる可能性もあるので、一般家庭では行わないようにしましょう。

ポイント 42

デグーを繁殖させるには

繁殖後はさらに出産を望む時だけ一緒のケージに入れよう

主産後もメスはすぐに発情するため、オスと一緒にさせておくと連続出産の危険性がありますので気をつけましょう。

父デグーは子育てをする

群れで行動をするデグーは子育てを共同体で行います。

野生のデグーは2匹〜10匹ほど出産するといわれています。

父親のデグーは哺乳類の中では珍しく、子育てをします。

母親と同様に子供の体を舐めたり温めたりして甲斐甲斐しく世話をします。

出産後の父デグーの居場所

デグーのメスの妊娠期間は約90日間（86〜93日）です。

メスの出産時期が近づいたらメスとオスを分け、産後1週間

4匹の赤ちゃんデグー

ほどたった後にオスを元のケージに戻します。そうすることで父デグーは子育てに参加し、母デグーは子育てから解放され、ゆっくり休むことができます。

出産を望む時だけ一緒のケージに

デグーのメスは、出産後もすぐに発情します。

オスとメスのケージを出産後も一緒にしてしまうと続けて妊娠してしまう可能性があります。

母体へ負荷がかかってしまうので、連続出産しないように注意しましょう。

出産を望む時だけオスとメスを一緒のケージにしましょう。

ケージ分けの注意点

出産後にオスをケージから離してしまうとメスがオスの方に行きたがり、育児放棄してしまったという事例があります。

そのためオスとメスを離した後に、メスが寂しがっていないかなどをよく観察しましょう。

オスとメスを再同居させる場合は、産後のメスの体が弱っていたら再同居は見送り、オスだけを別のケージに移して飼育するようにしましょう。

注意　子育て中の食事について

子育て中に水分不足になると母乳が出なくなったり、出が悪くなったりしますので、飲み水を十分に用意しましょう。

母デグーの食事は、妊娠中も子育て中もアルファルファなどの高タンパクなものを与えてください。

子供のデグーには離乳後から生後３ヶ月くらいまでは、牧草やペレット以外に栄養価が高いアルファルファを与えましょう。

この時期は母デグーに与えている食事も、様子を見ながら、徐々に増やしていくようにしましょう。

ポイント 43

デグーを繁殖させるには

繁殖時に注意したいポイントを知っておこう

無事出産できなかったり、出産しても子育てに興味のない母デグーもたまにいます。そのような時のためのポイントを知りましょう。

難産の場合

産道がせまく、産まれてくるのに時間がかかり、難産になる場合もあります。

出産予定日をすぎても産まれてこない場合は、動物病院に行って帝王切開で出産するという方法も選択肢に入れましょう。

心配な場合は事前に動物病院に行き、骨盤の開き具合や胎児の大きさをレントゲンで検査することができます。

デグーの育児放棄

不安な環境で子育てをすることなどが原因で、デグーの母親が子育てをやめて育児放棄をしてしまうケースがあります。そうなると、ミルクをもらえず、母親のぬくもりを失った赤ちゃんデグーは生きていけません。

子供を育児放棄するデグーは、次にまた出産しても育児放棄を繰り返すケースが確認されていますので、できるだけ妊娠させないようにしましょう。育児放棄に気がついたら、人口哺育を検討してみましょう。

人口哺育《じんこうほいく》

ケージ内の温度がデグーの体温である37度～38度になるように設定し、プラケースの上にフリースや布を敷いてペットヒーターの上に寝床をつくります。

消化の良いヤギミルクを人肌程度に温め、シリンジやポンプで飲ませてあげます。

ミルクは生後2週間まで2時間おきにたっぷりと与えましょう。ミルクを与えたあとは、暖かく湿らせたコットンで生殖器周りや肛門を刺激し、排泄できるようにします。

心配な場合は動物病院に行って獣医師に相談するようにして指示を仰ぎましょう。

また、状況に合わせて臨機応変に対応してください。

子煩悩な母親に育児をしてもらう

ちょうど同じタイミングで子供が産まれた母親に、育児放棄されたデグーを育ててもらうという方法もあります。

育児放棄されたデグーを子煩悩な母親に育ててもらった結果、育てられた子供のデグーが子煩悩な母親になったというケースも確認されています。

対策 珍しい毛色のデグーは近親交配に注意

デグーのカラーバリエーションの歴史は浅く、なかには近親交配をしてデグーの珍しい毛色を出している可能性があります。

同じペットショップやブリーダーから珍しい毛色のデグーのつがいを迎えて、繁殖を考えている場合は、2匹に血のつながりがあるかもしれないので、できれば確認してみましょう。

デグーに限らず、動物全般で近親交配は避けたほうが良いでしょう。

生後2日目の赤ちゃんデグー

フィールドガーデン
代表の
茂木宏一さん
インタビュー
その4

デグーに長生きしてもらう秘訣

P86のコラム3で、「オキシトシン」は、人と人との接触や人と動物、動物と動物同士がふれ合ことで分泌され、ストレス軽減作用があることを紹介しました。

その証拠に、母親から舐められたり、毛づくろいをされたりなどの接触行動をたくさん受けた子ラットは、成長後のストレス反応が低くなるという研究結果があります。

また、げっ歯類のモデルで、母親を剥奪された子は、成長してから高い不安とストレス反応をあらわし、学習能力や記憶能力も低くなったという実験結果も確認されています。

さらに、親や家族を失った若い雄ゾウが、暴力的な行動をすることがあり、そこに年長の雄ゾウを投入すると暴力的な攻撃がおさまったことが確認されたという報告もあります。

さて、前述したマーガレットですが、かつてマリーという奥さんがいました。マリーはマーガレットより1歳上の姉さん女房だったのですが、9歳で亡くなりました。マリーが亡くなった後、マーガレットはひどく落ち込み、しばらくの間、食欲がなくなってしまいました。パートナーや家族を亡くしてしまい、落ち込んでしまうデグーは多くいます。精神的に病んで食欲がなくなり、後を追うように亡くなってしまうこともあるようです。

そこで茂木さんは、マーガレットを元気づけようと、新しい奥さんを…と思い、若いメスのデグーを引き合わせました。しかし、マーガレットは受け入れませんでした。野生のデグーは一夫多妻制なのですが、飼育下では一夫一婦制になることも多いです。マーガレットはマリーへの純愛を貫いたのです。

マーガレットがマリーを失った時、どれだけのストレスを抱えていたかはわかりません。しかし、その当時の様子からは、かなりのストレスを抱えて生きていたように思います。

しかし現在では、それを乗り越えて元気に長生きしています。

マーガレットが長生きである理由は、茂木さんやまわりのスタッフさんたちがたくさん愛情を注いで世話をしていることが大きいでしょう。

マーガレットには、幸せホルモン・オキシトシンがたくさん分泌されているからなのかもしれません。

これは、あくまで一例としてのエピソードです。すべてのデグーが必ずしも当てはまるというわけではありません。

とはいえ、デグーにたくさん愛情を注ぎ、たくさん構ってあげることで結果としてオキシトシンの分泌が促され、飼っているデグーがストレスに強くなり、長生きできるという可能性も考えられます。

ぜひ、飼育しているデグーと少しでも長く一緒に過ごせるように、今まで以上にコミュニケーションをとり、可愛がってあげてくださいね。

茂木さんの肩に乗る若いころのマーガレット

参考

出典：「オキシトシン神経系を中心とした母子間の絆形成システム」
https://www.jstage.jst.go.jp/article/janip/63/1/63_63.1.4/_pdf/-char/ja

第5章

デグーの高齢化、健康維持と病気・災害時などへの対処ほか

～大切なデグーを守るポイントほか～

ポイント44

病気やケガへの対処法

デグーの病気やケガの種類と症状を知っておこう

デグーにもさまざまな病気やケガがあることが確認されています。ここで紹介するのはそのうちの代表的なものです。何か様子が変だなと思ったら、動物病院で診てもらいましょう。

不正咬合《ふせいこうごう》

不正咬合とは、歯の噛み合わせが悪くなる状態のこと。

ケージの金網をかじったり高い場所から落ちて顔をぶつけたりすることにより起こります。

牧草などの繊維質を食べずにペレットなどの柔らかいエサを食べ続けることで起こる場合もあります。

デグーが物を食べたそうにしているのに、食べられていない時は、不正咬合の可能性が高いと思われます。

不正咬合の症状

うまく食べ物を食べることができなくなり、口の周りがよだれで汚れてしまいます。物を食べられないことで痩せてしまい、給水ボトルの水もうまく飲めなくなってしまいます。

病院に行って歯を削ってもらい、長さや向きを適切に整えてもらいましょう。

ただし、歯を一度削っただけで完治することはあまりありません。治りにくい病気のため、定期的に治療を受ける必要があります。

仮性歯牙腫《かせいしがしゅ》

デグーは歯が伸び続ける動物なので、歯根に常に新しい組織が生成されます。

ところが、切歯が折れたり強い衝撃を受けたりすると歯根部にできた新しい歯が上手く伸びることができずに、硬いコブのようになります。

このコブができると、鼻まわりの気道が圧迫されます。そして、鼻炎や副鼻腔の気道が狭くなり、呼吸困難が引き起こされたり、鼻炎や副鼻腔炎を発症したりします。

仮性歯牙腫の症状

くしゃみや鼻水が出て、呼吸時に異音がしたり、口呼吸をするようになり、お腹にガスが溜まったり呼吸困難になります。

病院で抜歯してもらうなど、適切な処置を受けましょう。

捻挫・骨折

高い場所からの落下、うっかり踏んでしまったなどさまざまな原因でデグーは捻挫や骨折を

注意 デグーに多い病気と注意のポイント

デグーには歯が伸び続けるという特徴があり、前述の不正咬合や仮性歯牙腫などの歯のトラブルが多く見受けられます。

また、高い場所からの落下が原因での捻挫や骨折、多頭飼育が原因でのケンカなどによる外傷もよくあります。

糖尿病もデグーが比較的かかりやすい病気の一つです。

そのほか、皮膚や消化器、呼吸器の病気もデグーによく見られる病気です。

デグーは敵から身を守るため、体調不良を隠す性質があります。

いつもと変わったことがないかなど、日頃から、できる限りこまめにデグーの体調を確認するようにしましょう。

してしまいます。

デグーは痛みに耐え、病気を隠す動物です。

ケガをしても平気そうに過ごしていても、念のために病院に行って診察してもらうことをおすすめします。

捻挫・骨折の症状

捻挫や骨折をすると手足を引きずって歩く、じっと動かなくなる、ぐったりするなどの症状が確認できます。

軽い骨折の場合は、運動を中止して、安静にして治す方法や、包帯を巻いて患部を保護して治す方法もあります。

状態によっては手術が必要であったり、ひどい場合は脚を切断することもあるため、注意してあげましょう。

なお、状態の判断は獣医師でないとわからないことが多いため、デグーにそうした症状が出た場合は、ただちに動物病院に行って診察を受けることをおすすめします。

引っ掻き傷・噛み傷（外傷）

穏やかな性格で知られているデグーですが、同居しているデグーと相性が悪い場合、ケンカをして相手に噛み付いたり引っ掻いてしまったりすることがあるので注意しましょう。

デグーが本気で噛みついたりした場合、相手の個体が大ケガしている可能性もありますので、注意が必要です。

外傷の症状

出血や傷、腫れができて、触ると痛がります。

出血が少ない場合はガーゼや包帯で止血をしましょう。

しかし、わずかな出血でも大きな傷に繋がる可能性もあるので、病院に行って診察してもらうことをおすすめします。

糖尿病

人間の糖尿病と同じで、糖質の多い食べ物を与えすぎてしまい、血糖値を下げるインスリンというホルモンが正常に働かなくなってしまう病気です。

デグーは糖尿病になりやすいといわれていましたが、近年、血糖値を下げる独特のコントロールシステムがデグーの体に備わっている可能性があるという報告があります。

そのようなことから、一概に糖尿病にかかりやすい動物であるとはいえないようです。

糖尿病の症状

糖尿病は気がつきにくい病気ですが、尿の量が増えて水をよく飲みようになった、元気がない、痩せるなどの症状があらわれたら、要注意です。

尿が甘くなるので、同居しているデグーが尿を舐めたりする場合もあります。

病院で血糖値を下げる薬を処方してもらい、同時に点滴や食餌療法を行います。

糖尿病になると免疫力も落ち

注意 幼年期、青年期、壮年期に気をつけたいこと

幼年期のデグーは体が弱く体力がないので、低体温症にならないように温度管理に気を配りましょう。

青年期・壮年期のデグーは、皮膚病や外傷に気をつけてください。

不正咬合を防ぐために、ケージ内にかじり木を置いてケージの金網などの硬い物をかじらせないようにしましょう。

老年期のデグーは、体力が落ちて足腰が弱ってくるので、落下防止対策を行うなどケージのレイアウトを見直してください。

また、病気の予防のためにも、ケージ内の温度管理をしっかり行いましょう。

歯も弱くなるので、柔らかい牧草やペレットをふやかして与えてください。

るので、他の感染症にかからないようにケージ内を掃除し、衛生面にも気を配りましょう。

白内障

白内障とは目の中にある水晶体が白く濁ってしまい、いずれ視力を失う病気のことです。

老化現象の一つとして知られている病気ですが、遺伝性の理由で、若い時になってしまうこともあります。

デグーの場合は糖尿病の合併症として白内障にかかることが知られています。

白内障の症状

はじめは部分的に目が白くなり、だんだんと水晶体全体に広がります。

白内障が進行すると最終的には失明してしまいます。

犬などは白内障の手術ができますが、デグーの場合は、技術的に困難です。

白内障の予防として糖分が多い物を与えないようにすること。

また、白内障と診断されたら血液検査や尿検査を行うことをおすすめします。

下痢

寄生虫や細菌感染、ストレス、繊維質が足りない食事、環境の変化などさまざまな原因でデグーは下痢になります。

デグーは体が小さいので、下痢をすると体力が著しく消耗してしまいます。

下痢をしたら、ただちに病院に連れて行き、診察をしてもらうことをおすすめします。

下痢の症状

水のような便で、ひどい場合は血が混じることもあります。

下痢になると肛門周りが便で汚れ、そのまま下痢が続くと脱水状態になってしまいます。

感染症の場合は他のデグーにも感染する危険性があるので、ケージを分けて飼育しましょう。

脱毛症

ストレスやカビの一種である真菌、ダニ、ノミ、アレルギーなどさまざまな要因で引き起こされる病気です。

一日中明るい環境で飼育し続けると、体内のホルモンバランスが乱れてしまい、脱毛症になることもあります。

脱毛症の症状

脱毛症は、皮膚が見えるほど毛が抜ける症状です。

ストレス性や代謝異常で引き起こされた場合は、かゆがりませんが、細菌性皮膚炎や寄生虫による皮膚炎の場合は、かゆがりますので、発見しやすいです。

肥満

遺伝的な要因もありますが、食べる量が消費するエネルギーの量よりも多い場合、デグーも肥満になります。

ペレットを少しずつ減らして

対策

デグーが具合が悪くなった時の行動

デグーが以下の行動をしている場合、注意が必要です。
・食欲がなく、飲み水の量が急変する
・体がだるそうで、いつものように遊びたがらない
・急に噛むことが増えた
・足をかばうように歩いている
・体の一部が気になっている
「おかしい」と感じたら、すぐにエキゾチックアニマルの診療に対応している動物病院に連れて行き、診察してもらいましょう。

牧草の量を増やし、ケージ内を見直してデグーがしっかり運動できる環境を整えましょう。

肥満の症状

お腹や胸部をはじめ、首回り、あご、前足など体全体に皮下脂肪がつきます。

太りすぎてしまうと免疫力が低下し、脂肪肝、糖尿病、心臓疾患などの病気のリスクも高くなるので注意が必要です。

腫瘍

デグーは腫瘍の発症が少ないといわれている動物ですが、人間や他の動物たちと同様に体のさまざまな部位に腫瘍ができる可能性があります。それには、遺伝や環境、ストレスなどさまざまな要因があります。また、高齢になると特にできやすくなるとされています。

腫瘍の症状

触るとしこりや腫れ物があり、食欲減退、痩せて元気がなくなるなどの症状があらわれます。

摘出手術や抗がん剤などの治療方法があります。

時には治療をせずに、生活の質を優先するという選択肢もあるため、検討しましょう。

なお、年齢や健康状態、腫瘍ができた場所によって治療方法が異なるので、獣医師とよく相談して判断しましょう。

肺炎

ウイルスや細菌など微生物の増殖が原因で肺に炎症が起きると肺炎になります。

病気になり体が弱っている時や高齢、幼年期のデグーが発症しやすい病気です。

また、埃が多い場所や温度調整が難しい場所で飼育するとか

デグーに多い症状と考えられる病気

症　状	考えられる病気
食欲不振	不正咬合、お腹の病気、老化など
脱毛	細菌感染、真菌症、脱毛症など
目ヤニ	目にごみが入った、結膜炎、角膜炎、不正咬合など
下痢	お腹の病気、細菌など
便秘	風邪、お腹の病気、腸閉塞など
便が小さくなる	お腹の病気、腸閉塞など
呼吸が荒い	仮性歯牙腫、鼻炎、肺炎など
元気がない	不正咬合、風邪、お腹の病気、糖尿病など
体を頻繁にかく	細菌感染、真菌症、脱毛症など
ケガをしている	外傷、捻挫、骨折など

かりやすくなる傾向があるので、注意しましょう。

肺炎の症状

はじめはくしゃみや鼻水、呼吸をする時に音が出るようになります。また、呼吸が荒くなるなどの症状が出ます。

ひどくなると呼吸困難になり衰弱してしまうので、早期に治療する必要があります。

真菌症

カビの一種の真菌の感染で起こる病気のことで、人間でいう水虫のような病気です。

病気で体が弱っている時や幼年期、高齢のデグーは比較的かかりやすくなります。

他のデグーや人にも感染することがあるので、別々のケージで飼うなど注意が必要です。

真菌症の症状

毛が抜けて、フケが出て、皮膚がカサカサします。

梅雨や夏の時期は特に湿気が高くなりカビが増えるので、温度管理をしっかり行い、ケージ内をこまめに掃除して衛生面に気を配ってください。

なお、多頭飼いで同居しているデグーがいれば、そちらも感染している可能性があります。まずは一緒にしないで別々の場所で飼いましょう。

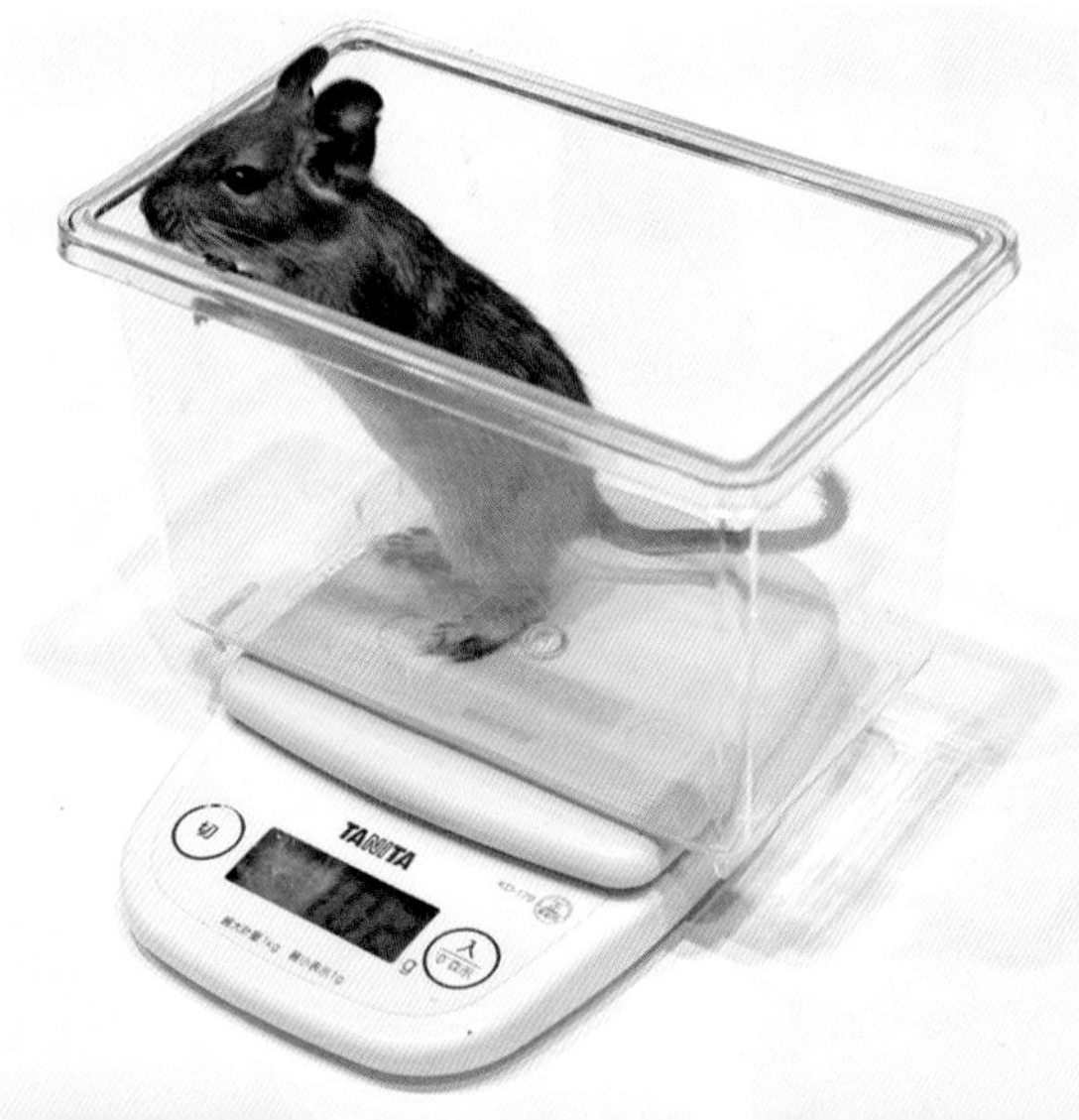

体重測定しているデグー。毎日欠かさず測定しよう

幼年期、青年期、壮年期のデグーの平均体重

年齢	平均体重
誕生してすぐ	15g
生後1週間	20g
生後2週間	25g
生後1ヶ月	60g
生後6ヶ月	150g～200g
生後1年	170g～300g

デグーの大人の平均体重は170g～300gです。
日々の体重測定は病気の早期発見につながるので、
平均体重を目安に食事の量を考えて与えましょう。

注意 人との共通感染症

通常ペットとして販売されているデグーは、野生のものではなく、飼育下で繁殖された動物がほとんどです。

それゆえ、なかでもデグーと人とで共通して感染する病気があります。

よく知られているのが、真菌症です。

真菌症に感染しているデグーに触れると人も感染する可能性があるのです。

しかし、一般的には人間の体調が悪い時にしか感染しませんので、免疫力が高い通常の状態であれば、感染するのは、まれといえるでしょう。

人が真菌症に感染した場合は皮膚が赤くなる、丸い形に脱毛する、かゆみを感じる、などの症状があらわれます。

ポイント 45

病気やケガへの対処法

デグーが病気やケガした時には、いつも以上の温度管理や衛生面での配慮が大切

日頃から病気やケガ予防のために、温度や湿度、衛生面での気配りをしていたのにもかかわらず病気になることもあります。そのような時の対処法を知っておきましょう。

温度管理に十分注意

病気で体が弱っている時は、特にケージ内の温度管理には気を配りましょう。

デグーは冬に冬眠をしない動物なので、低体温症になって死亡してしまうこともあります。

また、夏の熱中症対策やクーラーの寒さ対策にも十分に気を配るようにしましょう（詳しくはポイント19参照）。

衛生面に配慮

排泄物を片付けていないなど、ケージ内が汚れたままの状態にしておくと、真菌症などの他の

シニアデグーにサプリメントを与えている

病気を引き起こしてしまう可能性があります。ケージ内を清潔に保って、デグーが快適に過ごせるように、できる限り配慮しましょう（詳しくはポイント22・29参照）。

安静第一で

病気だからといって、やたらと気にかけたり触ったりしてしまうと、デグーがストレスを感じてしまいます。

病気になったら、まずは安静にすることが一番です。デグーがしっかり休めるように様子を伺いながらも、なるべくそっとしておきましょう。

甘えん坊の個体には、時々軽く撫でたり声をかけたりするのもいいでしょう。

強《きょう》制《せい》給《きゅう》餌《じ》のやり方

病気になり、自らエサを食べなくなった場合は、飼い主が強制給餌をする方法があります。デグーをしっかり保定（動かないように抱き上げる）し、シリンジでエサを与えます。

強制給餌が難しい時は、動物病院に行きましょう。いずれにせよ、普段からシリンジでエサを与えて練習しておきましょう。

対策

薬の上手な与え方

薬は少量のペレットに染み込ませたり、水や野菜ジュースに混ぜたりして与えます。

しかし、一般的にデグーは、薬を飲むことを非常に嫌がります。

デグーがどうしても薬を拒絶してしまう場合は動物病院に連れて行き、相談しましょう。

飲み薬ではなく、注射に変えてもらえることがあります。

また、薬を規定量以上に飲ませたり、途中でやめてしまったりせずに、医師の指示に従いましょう。薬の効果について不安がある場合は、獣医師に質問や確認をしましょう。新たなサプリメントを与えたい時なども獣医師に相談することをおすすめします。

ポイント46

病気やケガへの対処法

動物病院に連れて行く時に注意すべきことを知ろう

いざ病院に連れて行こうとする時の運び方には、注意すべきことがあります。予め知っておきましょう。

キャリーで持ち運ぶ際の注意点

動物病院に連れて行く時には、なるべくデグーに負担がかからないように工夫をしましょう。

デグーを病院に連れて行く場合は、キャリーや小さなケージなどを使用します。

水漏れ防止のために、給水ボトルがつくタイプのケージであっても、それを外して、その代わりに水分の多い野菜を入れておきましょう。

なお、移動時間が長い場合は、合間をみて給水ボトルを取りつけて飲ませるようにしましょう。

乗り物に乗る場合には、エアコンの送風などに十分注意する必要があります。

デグーを運ぶ便利なキャリー

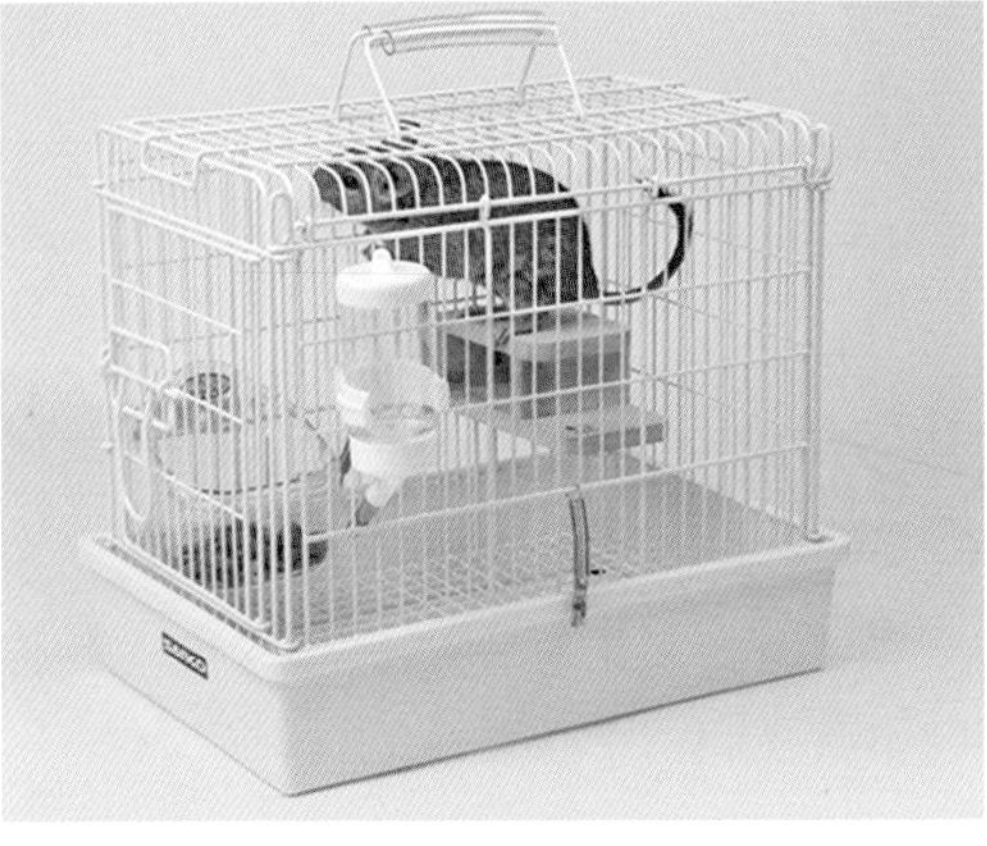

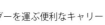

キャリー内にフリースを入れておく

持ち運ぶ際には、キャリーやケージにフリースや柔らかい牧草を入れて、もぐり込めるようにしておきましょう。

動物病院に行く前に準備期間がある場合は、数日前から寝床として使用して、匂いをつけておくといいでしょう。

寒暖差に注意

体が弱っている時は、特に温度管理に気を配り、気温が穏やかな時間に移動しましょう。

夏にはタオルで包んだ保冷剤を、冬には使い捨てカイロをキャリーやケージ内側、もしくは外側に入れて温度調整を行い、持ち運ぶ際の振動にも注意する必要があります。

最も診察してほしいのは何かを明確に伝える

デグーの様子がおかしいとわかったら、写真や動画で撮影して、先生に見せましょう。やりとりがスムーズになります。

診察の際には、最も診察してほしいことを事前に決め、説明できるようにしましょう。

注意 移動の際に気をつけたいポイント

かかりつけの動物病院は、移動時間が少なくてすむ、なるべく家の近くの病院にすることをおすすめします。

電車やバスを利用する場合は、事前に小動物を載せても大丈夫か公式のホームページをチェックしておきましょう。

ちなみに、JR東日本では「手回り品料金」290円（2019年12月現在）で、キャリーやケースに入れた小動物と一緒に乗車することができます。

車で移動する場合は、緊急時を除いてキャリーからデグーを出さないようにしましょう。夏は車内が暑くなってしまうので、短時間でもデグーを置いたままにしないように注意してください。車内の温度は短時間で上昇するので、とても危険です。

ポイント47

病気やケガへの対処法

あらかじめ通える動物病院を知っておこう

突発的な病気やケガに備えて、事前に通える動物病院を知っておきましょう。

デグーはエキゾチックアニマル

デグーは、エキゾチックアニマルとして分類されています。

エキゾチックアニマルとは、わかりやすく説明すると、犬や猫以外のペットとして飼育されている動物のことを指します。

ウサギやハムスター、カメ、インコなどもエキゾチックアニマルとして分類されています。

エキゾチックアニマルを診療している動物病院を探して診察してもらいましょう。

インターネットで探す

インターネットで「デグー動物病院（地域名）」「エキゾ

動物病院のホームページからはさまざまな必要情報が得られる

チックアニマル　動物病院（地域名）」で検索して、家の近くにあるデグーを診察してもらえる動物病院を検索しましょう。病院のホームページには、住所はもちろんのこと受付時間や診療対象動物の情報、病院の特色が掲載されています。

その情報だけでは心配な場合は、事前に動物病院に電話して、デグーを診療してもらえるのかを聞き、病気の症状などを伝えて確認しておきましょう。

ペットショップに聞く

あらかじめペットショップやお迎えする場所にデグーを診察できる動物病院がないかを聞いておきましょう。

同時に、夜間や緊急時にも対応してもらえる動物病院の連絡先などを聞いておくと、なにかあった時も安心です。

デグーを飼っている人に相談

デグーをすでに飼っている人におすすめの動物病院やかかりつけの病院を聞くのもいいでしょう。その病院の雰囲気や仕組み、担当医の先生など、事前に有用な情報を収集できます。

対策

定期的に健康診断を受けよう

かかりつけの病院を見つけたら、病気予防のためにも、半年に一度程度は健康診断を受けることをおすすめします。

健康診断では検便や視診、触診、歯の診察、異常な腫れがないかなどを確認し、必要に応じてレントゲンを行います。

体が小さいので、血液検査は行わないことが多いですが、獣医師がその必要性があると判断した場合には、行うことがあることを知っておきましょう。

高齢になったら３ヶ月～４ヶ月に１回健康診断を行うなど、回数を増やしましょう。獣医師に日頃から気になっていた点を定期的に質問したり相談したりすることができます。また、獣医師との信頼関係もできて、いざとなった時には、かかりつけの獣医師のもとで納得ができる治療を受けられるので、安心できます。

ポイント48

シニアデグーのケア

老年期のデグー（シニアデグー）をケアするポイントをおさえよう

人と同じで、さまざまな機能が衰えていく。特にこの時期を迎えるデグーには、若いデグー以上に手をかけてあげましょう。

日光浴を行う

人間も1日15分の日光浴が健康に良いといわれています。

シニアデグーも室内散歩（部屋んぽ）ができるようでしたら、健康とストレス発散のためにも日光浴を行いましょう。

ケージを太陽光の下に置くのではなく、室内散歩中に太陽光が当たるようにして日陰の部分をつくって逃げ場を用意します。

視力が落ちたら

視力が落ちてもヒゲがセンサーの代わりになります。散歩などもできて、生活にもあまり支障はありません。

しかし、ケガや落下、誤飲を

指から食べ物を与えられたデグー

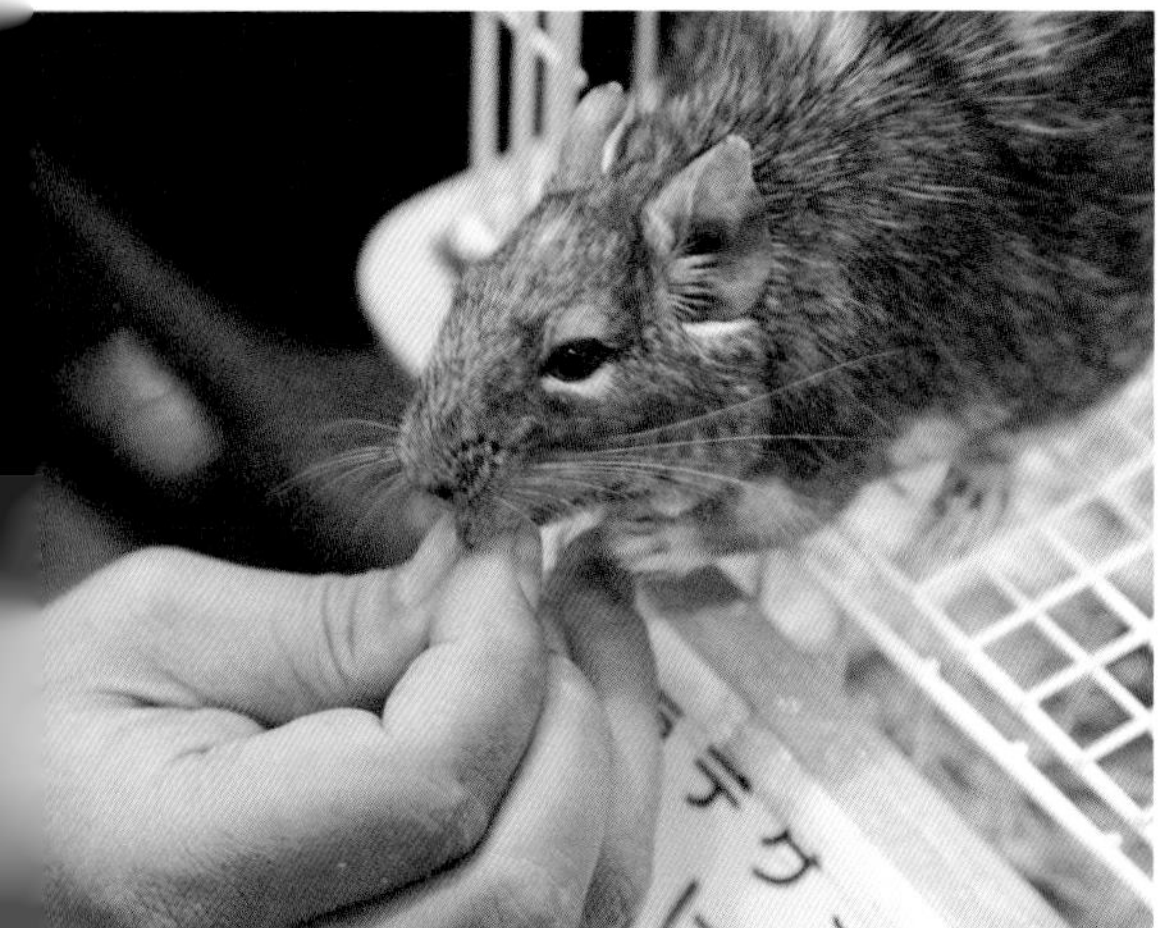

しないように飼い主はこれまで以上にデグーを見守り、注意をする必要があります。

デグーの介護食

自分でエリを食べることができなくなるので、飼い主がエサを与えましょう。

おやつなどでも、デグーが好きな食べ物を与えましょう。

何も食べないことよりも、何か食べられるものを食べさせてあげる方が大事です。

チモシーや乾燥野菜、大麦、デグーのバランスフード、ナッツ類、かぼちゃなどをミルなどの粉砕機で細かくして指にとって与えましょう。

給水ボトルから水が飲めなくなったら

高齢になると給水ボトルからの水を飲めなくなってしまうケースもあります。その場合は、エサに小動物用の栄養ドリンク（「ビタシロップ」）をかけて、水分を食事から取れるように調整しましょう。

ただし、食事で水分を取りすぎると今度は下痢をしてしまうこともあるので、デグーの様子を見ながら、少しずつ行いましょう。

対策 時にはセカンドオピニオンも大切

かかりつけの動物病院を決めておいた方が、病院の雰囲気や場所、担当医の先生の情報を事前に知っているので、いざとなった時に慌てずに準備ができます。

しかし、時にはセカンドオピニオンを聞いて治療を検討することも大事です。

かかりつけの病院ではない別の病院に行って、病気が発覚したり新たな治療法が見つかったりすることもあります。

また、休診日の時や異なった意見を聞けるので、かかりつけの病院が２軒あるといいかも知れません。

ポイント49

災害時の対応

災害時の対応方法を心得ておこう

いつなん時襲ってくるかわからない自然災害。大切なデグーを守るために防災対策をしておきましょう。

飼い主が自発的にデグーを守る

日本は地震や台風などの自然災害が多い国です。

万が一の時に備えて、デグーの災害時の対応について知っておきましょう。

環境省から発表された「災害時におけるペットの救護対策ガイドライン」や「人とペットの災害対策ガイド」は主に犬猫が対象となっています。

デグーなどのエキゾチックアニマルは、飼い主が自発的に守らなければいけない動物だとして、覚悟を決めておきましょう。

避難グッズ

避難場所や防災対策をしておこう

自分たちの地域の避難場所をあらかじめ確認しておき、避難経路を知っておきましょう。そして、まずは人用の避難グッズを用意し、家具の転倒防止対策を行ってください。

日頃からさまざまな種類の食べ物を与えておく

デグーに日頃からさまざまな食べ物を与えて、いざという時のために、普段とは違う野菜なども食べられるように訓練しておきましょう。

また、災害に備えて多少余分に食料を用意しておきましょう。

日頃から防災訓練を行う

また日頃から、何分でデグーをキャリーに入れられて、何分で家を出られるかを測るなど、万が一の時に適切に行動できるようにするために、防災訓練をして備えておくのも良いでしょう。

緊急時に、動物病院に連れて行く時のキャリーにデグーを入れる練習にもなります。

対策 避難時の持ち物

すぐに持ち出せるように以下の避難グッズをあらかじめ用意しておくと、万が一の時でも安心です。※（　）内はイラストの該当番号です。

□新聞紙（❶）キャリーの底に敷くものとして（ペットシーツの予備として）　□ペットシーツ（❷）キャリーの底に敷くものとして　□ビニール袋（❸）汚物の処理などのため　□フリースなど（❹）デグーの寒さ対策用としてキャリーの底に敷いたり、周りを囲ったりする　□持ち出し用のキャリー（❺）持ち運び用に　□飲み水（❻）給水ボトルの水の予備として　□給水ボトル（❼）水を飲ませる　□食料（約１週間分）（❽）乾燥したエサ　□動物病院の診察券（❾）かかりつけの動物病院があれば　□ウエットシート（❿）キャリー内の清掃や飼い主自身の手を清潔に保つため　□飼育日記（⓫）日々の記録は、動物病院に行く際にも役立つ

また、SNSでデグーの飼い主同士で連絡を取り合い、情報交換を行うのも大事なことです。

デグーとのお別れ

デグーとのお別れとその後

命の終わりは必ず来ます。
その日を迎える時のために、飼い主が心得ておくことがあります。

感謝の気持ちでお別れを

お別れはとても辛く悲しいことですが、いつかは愛するデグーとさよならをしなければいけない日が来ます。

デグーが旅立つ日まで、愛情を持ってお世話をして、たくさんの思い出がつくれたことでしょう。最後は感謝の気持ちで送り出してあげてください。

デグーも飼い主が、いつまでも悲しんでいることよりも幸せでいる姿を願っているでしょう。

葬儀の種類

葬儀の種類は、他のペットと一緒に行う合同葬儀、ペットの

これも大事なこと

ペット葬儀屋さんのサービスと費用面での確認事項（目安）

- ☐ 火葬代にお迎え代（出張費）は含まれるか否か
- ☐ 土日祝日の対応はどうか？
- ☐ 埋葬はしてもらえるのか、その費用は？
- ☐ 葬儀後にかかる費用はどうか？

など

みで行う個別葬儀、飼い主が立ち会う立会い葬儀などさまざまな葬儀の種類があります。

ペット葬儀屋さんとよく相談し、わからないことがあったら確認しましょう。その上で、予算や自分の気持ちをよく考えて葬儀の種類を選びましょう。

かかりつけの先生に亡くなる前の経緯や病気の症状を報告しよう

できれば、亡くなる前の経緯や病気の症状などを記録し、かかりつけの先生に報告することをおすすめします。

それが、同じような症状や病気を持つ他のデグーを救える貴重な手がかりになる可能性も十分考えられます。

SNSで情報を共有する

とても辛いことかもしれませんが、できればブログなどのSNSを通してたくさんの人にデグーの亡くなる前の状況を共有してみてください。

それは、同じ状況のデグーを助けられる大事な情報源につながるかもしれません。

注意 ペット葬儀屋さんにお願いする前に確認したいこと

亡くなったデグーの遺体は、自宅に庭がある場合は庭に埋葬しても良いでしょう。
庭がない場合は、ペット葬儀屋さんにお願いをして火葬をしてもらいます。
その際に、事前に下記のことを確認しておくと、とっさのことでも冷静に対応できるでしょう。

- デグーを火葬したことがあるかを電話で確認する
- ホームページ上にデグーを火葬した実績があるかを調べる
- ペット葬儀屋さんの口コミ情報などをチェックしておく

■監修

田向健一（たむかい けんいち）

麻布大学獣医学部卒業。田園調布動物病院院長。獣医学博士。犬猫から小動物、爬虫類までを診療対象としており、特に小動物の疾病に詳しい。動物に関する著書多数。近著に、『生き物と向き合う仕事』(ちくま書房)、『珍獣ドクターのドタバタ診察日記』（ポプラ社）などがあり、メディアにも多数出演。

【STAFF】
■制作プロデュース／編集　有限会社イー・プランニング
■ライター　木部みゆき
■本文デザイン・ＤＴＰ　小山弘子
■イラスト　多田あゆ実
■カメラ　上林徳寛
■制作協力
撮影協力　有限会社フィールドガーデン　代表者　茂木宏一さん
写真提供　デグー♡コミュニティ（フェイスブック）　管理者　小松英幸さん
田中浪子さん
株式会社 三晃商会
株式会社 マルカン

デグー飼育バイブル
長く元気に暮らす　50のポイント

2020年1月10日　第1版・第1刷発行

監修者　田向　健一（たむかい　けんいち）
発行者　株式会社メイツユニバーサルコンテンツ
（旧社名：メイツ出版株式会社）
代表者　三渡　治
〒102-0093 東京都千代田区平河町一丁目1-8
TEL.03-5276-3050（編集・営業）
03-5276-3052（注文専用）
FAX.03-5276-3105
印　刷　三松堂株式会社

ご意見・ご感想はホームページから承っております
ウェブサイト　https://www.mates-publishing.co.jp/

編集長：折居かおる　副編集長：堀明研斗　企画担当：千代　寧